저자 소개

★ 기획 김민형 ★

영국 에든버러 국제수리과학연구소장이자 에든버러대학교 수리과학 석좌 교수이며, 한국고등과학원 석학 교수입니다. 한국인 최초로 옥스퍼드대학교에서 수학과 교수를, 워릭대학교에서 세계 최초로 '수학 대중화' 석좌 교수를 지냈습니다. 해마다 웅진재단 수학영재 멘토링프로그램에서 강의하고 있으며, 웅진씽크빅 자문을 하고 있습니다. 지은 책으로 《수학이 필요한 순간》《어서 오세요, 이야기 수학 클럽에》《삶이라는 우주를 건너는 너에게》 등이 있습니다.

★ 글 김태호 ★

동화 〈기다려!〉로 제5회 창비어린이 신인문학상을 받으며 작품 활동을 시작했습니다. 단편동화집 《제후의 선택》으로 제17회 문학동네어린이문학상 대상, 동화 〈산을 엎는 비틀거인〉으로 제7회 열린아동문학상을 받았습니다. 그림책 《아빠 놀이터》《엉덩이 학교》를 쓰고 그렸고, 청소년 소설 《별을 지키는 아이들》《일 퍼센트》 등을 썼습니다.

★ 그림 홍승우 ★

홍익대학교 시각디자인과를 졸업하고, 가족의 일상을 따뜻한 시선으로 그린 만화 《비빔툰》으로 만화 활동을 시작했습니다. 《다운이 가족의 생생 탐사》를 시작으로, 오랜 꿈이었던 어린이 과학 학습 만화를 여러 편 그려 왔습니다. 어려워 보이는 과학을 쉽고 재미있는 만화로 전달하는 것을 좋아한답니다. 그린 책으로 《올드》《초등학생을 위한 양자역학》(전 5권) 《소년 파브르의 곤충모험기》(전 3권) 《수학영웅 피코》(1, 2권) 《빅뱅스쿨》(전 9권) 등이 있습니다.

김민형 교수의 수학 추리 탐험대

③ 수학, 음악이 되다: 아빠가 숨겨 둔 공식

기획 김민형
글 김태호
그림 홍승우

북그라운드

"수학도 이야기가 될 수 있을까?"

제가 수학자의 길에 들어선 것도 어느새 수십 년이 되었습니다. 그동안 저는 사람들이 수학과 친해지길 바라는 마음에 수학을 대중화하는 활동과 강연에 많은 시간을 쏟아 왔습니다. 강연에서 만난 사람들이 "수학이란 무엇인가요?"라고 물으면 "세상을 정밀하게 이해하게 도와주는 도구입니다."라고 답하곤 했죠. 그렇게 대답하다 보니 세상의 기초를 이해하는 데 도움이 된다는 점에서 수학과 문학이 공통점이 있다는 생각이 들었습니다. 그러다 '수학도 이야기가 될 수 있을까?' 하는 질문을 떠올리게 되었지요.

이 질문의 답을 구하기 위해 저는 2023년 에든버러 국제수리과학연구소에서 '수학은 이야기인가?'라는 주제로 대담회를 열었습니다. 세계 최고의 수학자, 철학자, 문학가 세 명이 강단에 올랐고 관중들의 적극적인 참여 속에 열띤 토론이 이어졌지요. 하지만 만족할 만한 답을 찾아내지는 못했어요. 어쩌면 애초에 결론을 내리기 불가능한 주제였는지도 모릅니다.

사실 수학을 하나의 이야기라고 했을 때 문학과는 분명히 차이가 나는 지점이 있습니다. 좋은 소설은 배경지식이 없다고 해서 아예 이해가 안 된다거나 의미가 모호해지는 경우가 드뭅니다. 상식과 지식을 어느 정도 갖추고 있으면 소설이 품고 있는 문화적 전통을 소화할 수 있고 읽는 즐거움도 느낄 수 있지요.

그러나 수학은 수천 년 역사 중 어느 한 시대의 수학적 발견과 그 언어를 제대로 흡수하지 못하면 그다음을 전혀 이해할 수가 없습니다. 이렇듯 앞뒤 줄거리의 미세한 부분 부분이 무수한 가닥으로 연결된 복잡한 구조는 수학을 이야기로 즐기기 어렵게 하죠.

그렇지만 문학과 수학에는 공통점도 있습니다. 수학의 이야기 나무 역시 어느 시기에 가장 뛰어나다고 평가된 수학적 발견에 힘입어 새로운 실가지를 뻗어 나가고 어린 이파리들을 피워 내거든요. 즉, 수학과 문학이라는 나무는 '이야기'라는 공통의 뿌리를 지닌 셈입니다.

이런 생각을 이어 가다가 수학을 소설 형식에 담아내고 싶다는 생각에 이르렀습니다. 수학과 문학에 공통으로 스며 있는 이야기의 힘을 확인해 보고 싶었던 거죠. 재미도 있고 수학적 깊이도 있으면서 문학적 가치가 있는 작품을 꽤 오랫동안 찾아보았어요. 이미 세계 여러 곳에서 그런 시도가 있었던 터라 널리 알려진 수학 이야기들을 어렵지 않게 만날 수 있었습니다.

재미뿐 아니라 상상력을 자극하는 이야기를 기대했는데 대부분 조금씩 아쉬웠어요. 어린이를 대상으로 한 책들은 코믹성이나 판에 박힌 모험담 아니면 윤리관을 강조하는 이야기가 적지 않더라고요. 이 아쉬움을 풀기 위해서는 이야기를 직접 만들어야겠다는 생각이 들었습니다. 욕심이 앞선 나머지 얼마나 무모한 생각인지도 모르고 도전에 나섰습니다. 그러면서 피해야 할 기준 세 가지를 세웠습니다.

첫째, 수학의 '재미'에만 집중하는 것은 피하자. 사람들은 대부분 수학을 재미없어합니다. 그래서 일단 '수학은 재미있다.'라고 흥미를 끈 다음, 독자를 깊이 있는 수학 이론으로 이끄는 작전을 세우곤 하는데, 이것이 꽤 잘 먹히기는 해요. 그러나 이런 작전은 수학의 기초 개념을 전달하는 데는 효과가 있어도 계속 좋아하게 하는 데는 한계가 있습니다.

둘째, '수학자들의 멋있는 말만 나열하는' 겉멋에 빠지지 말자. 이런 전략은 대부분 사고의 진전에 도움이 되지 못하고 마치 이해한 것처럼 착각하게 이끌 우려가 있으니까요.

셋째, 수학을 그럴듯한 특수 효과로 사용하지 말자. 사실 뛰어난 문학 작품 중에도 수학을 다룬 이야기가 있습니다. 하지만 수학 개념과 이야기가 잘 어우러지지 않거나 수학을 단순히 하나의 소재로 활용한 수학 이야기라는 점에서 아쉬웠습니다.

이 책이 저의 깐깐한 기준을 만족시켰는지 궁금하다고요? 솔직히 몇 년에 걸쳐 이 책을 만들면서 정말 그런 수준에 이를 수 있을지 의심한 적이 많아요. 하지만 의미 있는 도전을 하려면 어떤 식으로든 다짐이 필요합니다. 최고의 대가들이 모였던 에든버러 대담회에서마저 결론을 찾기 힘들었던 문제인 만큼 불가능에 가까운 시도일지 모르지만, 제가 어릴 적에 읽고 싶었던, 그리고 아이들이 자라면서 읽게끔 하고 싶은 수학 이야기를 만들고 싶었습니다.

분에 넘치는 포부는 때로 일을 시작하기 어렵게 합니다. 불만족스럽다는 생각을 내보이면 "그렇다면 네가 한번 해 봐."라는 핀잔을 듣게 되고, 깐깐한 잣대에 비해 터무니없는 나의 실력이 탄로 나는 걸 감수해야 하죠. 그런 불안을 껴안고도 이 작업을 해 나갈 수 있었던 것은 혼자 만드는 책이 아니었기 때문입니다. 동화 전문가 김태호 작가, 학습 만화의 대가 홍승우 작가, 심리학을 전공한 SF 고수 김명철 박사, 콘셉트 아티스트 박지윤 작가, 공간 디자이너 강푸름 씨 그리고 서금선, 이은지, 최지은 편집자가 모여 드림

팀을 만들었지요.

사용하는 언어와 겪었던 경험이 서로 다른 사람들이 하나의 목표를 향해 나아가는 과정은 흥미로운 무질서가 들끓는 용광로와 같아요. 수학뿐만 아니라 다양한 텍스트와 그림, 역사와 미래, 가족과 친구, 선과 악, 삶과 죽음까지 인간의 관심사 전반에 걸쳐 토론하고 논의했답니다. 저의 서투른 사고를 보완하는 크고 작은 제안들이 끊임없이 쏟아졌고, 불쑥 튀어나온 아이디어가 예상을 뛰어넘는 장면으로 펼쳐질 때 탄성을 내지르기도 했어요. 이 작품의 가장 멋진 페이지들은 오롯이 동료들의 탁월한 능력과 팀워크가 빚어낸 성과입니다. '이야기'라고 하면 글보다는 말로 직접 전해야 한다는 느낌도 들지만, 책으로 만드니 여러 사람의 도움을 받을 수 있어서 정말 좋았습니다.

이들의 수고가 헛되지 않도록 저 역시 나름대로 애쓰고 있어요. 제가 이 책에 기여할 수 있는 부분은 주로 수학 이야기일 터이니 여러 해 동안 수학 대중화 활동을 하면서 아이들과 이야기한 경험을 살리려고 노력했습니다. 그리고 아빠와 아이들의 관계를 묘사할 때는 결국 우리 가족 이야기를 어느 정도 반영하지 않을 수 없었어요. 이전에 제가 큰아들한테 보낸 편지가 토대가 되어, 이 동화에도 아빠의 편지를 넣게 되었습니다. 만약 나에게 딸이 있다면 어떤 편지를 썼을까 생각하니 상상력이 신나게 뻗어 나갔답니다. 전에 썼던 편지들 이후에 축적된 과학, 문학, 세상 이야기를 상상의 딸들에게 풀어낼 멋진 기회잖아요.

재밌고 의미 있는 문학 작품에 수학을 녹여 내는 일이 얼마나 어렵고 먼 길인지 깊이 느끼는 시간이었습니다. 그렇게 4년여의 시간 동안 복잡하고 어려운 담금질을 견뎌 낸 노력의 산물이 한 권씩 완성되어 가는 게 꿈만 같아요. 이 결과물에 어떤 판단을 내릴지는 부모님이나 선생님이 아닌 어린 독자들에게 맡기려 합니다.

자, 그럼 저와 함께 수학의 세계로 탐험을 떠나 볼까요?

2024년 6월 영국 에든버러에서
김민형

차례

시작하며 * 4

등장인물 소개 * 12

제1화

터널 속 쫓기는 쌍둥이 * 16

아빠의 편지 13 지구에서의 시간과 우주에서의 시간은 정말 다를까 * 34

제2화

부리 마스크가 찾는 컴퓨터는 어디에? * 38

아빠의 편지 14 시공간 속으로 떨어지는 아인슈타인의 사과 * 54

제3화

메건 리 박사가 위험하다! * 58

아빠의 편지 15 소리로 숫자를 나타낼 수 있을까 * 76

제 4 화

아빠가 숨겨 둔 공식을 찾아라 * 80

아빠의 편지 16 수학자들은 왜 방정식을 만들까 * 120

제 5 화

기억의 방을 탐험하는 쌍둥이 * 124

아빠의 편지 17 소리의 높낮이로 음악을 만들기까지 * 148

제 6 화

드디어 아빠를 만나다 * 152

아빠의 편지 18 악보 속에 숨어 있는 수학 * 186

만든 사람들 * 190

이민형 42세

수학자이자 수인과 제인의 아빠

미래를 예측할 수 있는 새로운 양자 컴퓨터를
개발하기 위해 영국 런던에 머무르고 있다. 몇
번의 시행착오 끝에 시뮬레이션에 성공하지만,
어느 날 실종된다.

방금 그건
뭐였…지?

메런 리 40세

전자 물리학자이자 이민형 박사의 아내

미국 항공우주국(NASA)의 '우주 빗자루 프로
젝트' 사령관이다. 우주를 청소하기 위해 달
궤도에 설치된 국제 우주 정거장에서 지내고
있다.

안녕~,
얘들아~!

너, 딩가딩거
맞지?

이수인 12세

이민형, 메건 리 부부의 쌍둥이 딸(언니)

바이올리니스트가 꿈인 소녀. 말수가 적고 차분하
며 시와 음악 등 예술적 감수성이 아주 뛰어나다.
아빠처럼 수학으로 세상을 바라보고 이해하려고
노력한다.

이제인 12세

이민형, 메건 리 부부의 쌍둥이 딸(동생)

청각 장애가 있어서 보정기를 작용한다. 축구 신수가
꿈이며, 독서나 예술보다는 바깥에서 자연을 탐구하
며 뛰어노는 것을 좋아한다. 아빠는 잘 듣지 못하는 제
인을 위해 세상을 소리로 보는 방법을 알려 준다.

이건
뭐야?

고영지 70세

이민형 박사의 어머니

초등학교 교사직을 은퇴한 후 쌍둥이를 돌보고 있다. 문학과 예술을 사랑하며, 건강을 위해 취미 삼아 마라톤을 한다. '영지 씨'로 불리는 걸 좋아한다.

그만!

딩가딩거

딩가르, 딩거르~♪

아빠가 길에서 만난 턱시도 고양이

아빠의 머릿속 세계를 안내한다.

이웃사촌이랍니다.

해리 오스틴 64세

시인이자 이민형 박사의 스승

이민형 박사와 문학적 교감을 나누는 친구이자 이웃사촌이다. 교수직에서 은퇴한 후 시와 평전을 쓰고 있다. 이 박사의 가족을 적극적으로 돕는다.

잭슨 오스틴 27세

해리 오스틴 교수의 조카

해리와 함께 살고 있는 록 뮤지션. 현재는 이민
형 박사의 양자 컴퓨터 연구를 돕기 위해 대학
원에서 컴퓨터 수학 박사 과정을 공부하고 있다.

첸 위 45세

브레인 콘택트 연구소 소장

이민형 박사와 함께 영국의 대학교에서 수
학을 전공했으며, 현재는 뇌와 양자 컴퓨터
인터페이스를 개발하는 신경 과학자로 활동
하고 있다.

이 박사가
무슨 일을 해 왔는지
궁금하셨죠?

제1화

터널 속 쫓기는 쌍둥이

자동문으로 들어서자, 앞서 봤던 터널보다 더 좁고 복잡한 공간이 눈앞에 펼쳐졌다. 천장은 어른이 손을 뻗으면 닿을 만한 높이였고, 벽면에는 낡고 찌그러진 석유등이 매달려 있었다. 여기저기 오래된 전선이 드러나 있고 중간중간 주황색 표시등이 연결되어 있었다. 이렇게 세월의 흔적이 겹겹이 쌓여 있어서 한 눈에 봐도 만들어진 지 오래되어 보이는 곳이었다.

표시등에 불이 켜져 있는 걸 보면 누군가 최근까지 이곳을 이용한 게 틀림없었다. 쌍둥이는 그게 아빠일 거라고 짐작했다.

수인과 제인은 주황색 표시등을 따라 걸었다. 터널의 직선 통로를 지나 모퉁이를 돌자, 돔 형태의 높은 천장과 철로가 있는 꽤 넓은 공간이 나타났다.

"저길 봐!"

수인이 천장 한가운데를 가리키며 말했다. 그곳에는 선풍기 같은 커다란 팬이 달려 있었다.

"저 날개 엄청 낡았는데 지금도 돌아갈까?"

제인이 날개에 시선을 고정한 채 제자리에서 한 바퀴 돌았다.

"너는 참 궁금한 것도 많다. 우리 갈 길이 먼데 서두르는 게 좋지 않을까?"

수인의 말에 제인은 피식! 웃으며 고개를 끄덕였다. 둘은 이제 모험이 두렵지 않았다.

와…, 정말 미로처럼 복잡한 곳이네.

얼마나 더 가야 하는 거야?

!

으…, 다리 아파!

10분 정도 걸었는데 벌써 지쳤어? 으이구.

그러니까 평소에 운동을 했어야지…

10분은 무슨! 시계 좀 보시지!

엥, 시간이 왜 이래? 벌써 한 시간이 지났네.

난 저 끝에 뭐가 있는지 보고 싶어!

비슷한 곳을 계속 걷고 있으니까 시공간의 미로에 갇힌 것 같아. 계속 가야 할까?

힘들면 수인이 넌 먼저 돌아가도 돼.

젓

사실 나도 끝에 뭐가 있을지 궁금해.

근데… 끝이 있긴 하겠지?

?!

누, 누구지?

두

두

두

부리 마스크야!!

으아악~!!

도망쳐!!

야경을 바라보던 수인이 걱정스러운 표정으로 잭슨에게 물었다.

"부리 마스크들이 아빠 집으로 갔으면 어떡하죠?"

"경찰들이 지켜 주고 있으니 괜찮을 거야."

잭슨은 뭔가 다 알고 있는 듯한 말투로 대답하며 주위를 살폈다. 강한 경계심으로 눈빛이 반짝였다. 말없이 조용하던 이전 모습과는 사뭇 달라 보였다. 잭슨은 어떤 사람일까? 제인은 의심을 멈출 수 없었다.

"부리 마스크에 대해 알아요? 그 사람들이 전에도 집에 침입했던 거 알죠? 터널로 들어갈 수도 있잖아요."

"괘, 괜찮을 거야. 집과 연결된 터널은 복잡해서 쉽게 찾아낼 수 없는 데다 문을 열려면 암호를 알아야 하니까."

잭슨이 말을 더듬다가 이내 쌍둥이를 안심시키며 대답했다.

"근데 잭슨은 왜 이 시간에 지하 터널에 있었던 거예요? 터널은 어떻게 알고 있는 거죠?"

수인도 잭슨에게 바짝 다가서며 물었다. 지하 음악실과 연결된 터널 안에서 잭슨을 만난 게 아무래도 수상했다.

"저 이상한 오토바이는 또 뭐고요?"

수인이 연거푸 질문을 하는데 제인이 끼어들었다.

"어디서 봤더라? 아, 생각났다! 해리 할아버지의 아빠가 타

시던 오토바이!"

오스틴 교수의 서재에서 본 사진 속 오토바이였다.

"맞아, 해리 삼촌이 나한테 맡겼거든. 덕분에 터널 드라이브를 즐길 수 있게 된 거고."

"이 시간에요?"

수인과 제인이 동시에 콧김을 쏟아 냈다.

"이렇게 좋은 길 놔두고 답답하게 터널 드라이브를 한다고요?"

수인이 캐묻자 잭슨은 잠시 멈칫하더니 진지하게 대답했다.

"나와 이 박사님과 해리 삼촌은 종종 지하 터널을 함께 탐험하곤 했어. 오늘도 그때처럼 터널에 갔다가 우연히 너희를 만난 거야."

"지하 터널 탐험? 아빠가 왜 그토록 터널에 관심이 많았는지 잭슨은 알고 있죠?"

수인이 잭슨을 바라보았다.

"나도 잘 몰라. 하지만 처음 터널을 탐험했을 때 박사님의 표정은 똑똑히 기억해."

잭슨의 말에 제인도 귀를 쫑긋 세웠다.

"바닥에 털썩 주저앉아서 한참 동안 생각에 잠긴 채 뭔가 계산을 하시는 것 같았어. 설계도를 멍하니 바라보시기도 했고."

"설계도요?"

"응, 머릿속으로 뭔가 중요한 걸 만드시는 것 같았어."

"중요한 거 뭐요? 아빠가 실종된 거랑 상관있을까요?"

수인과 제인은 잭슨이 뭐라도 알고 있길 바랐다.

"나도 이 박사님 실종 사건을 나름대로 알아보고 있어."

잭슨은 고개를 저으며 걱정과 슬픔이 가득한 표정을 지었다.

"잭슨이 왜요?"

"진심으로 존경하는 스승님이니까."

"스승님?"

"내게 새로운 얘기들을 많이 해 주셨거든."

잠시 생각에 잠겨 있던 잭슨은 쌍둥이에게 헬멧을 건넸다.

"같이 갈 데가 있어. 시간 없으니 얼른 타."

쌍둥이가 뒷자리에 올라타자 잭슨은 시동을 걸더니 어디론가 달려갔다. 잠시 후 언덕 위에서 환하게 빛나고 있는 한 건물 앞에 멈춰 선 잭슨이 오토바이에서 내리며 말했다.

"그리니치 천문대야."

"아! 아빠가 편지에서 얘기했던 곳이에요. 여기에 올 때마다 시간에 대해 재미있는 생각을 하게 된다고 했어요."

제인이 건물을 올려다보며 말했다.

천문대의 둥근 돔 위로 달빛이 아름답게 쏟아지고 있었다.

잭슨은 천문대를 올려다보며 나직하게 말했다.

"터널 탐사를 마치고 나면 우린 천문대에 들러서 우주와 음악과 시, 그리고 과거와 미래에 관해서도 이야기를 나눴어."

"과거와 미래요?"

"응, 시간에 관한 이야기지. 박사님은 시간에 대해 많은 이야기를 들려주셨어."

잭슨이 아빠 이야기를 하는 동안 수인과 제인의 고개가 점점 아래로 숙어졌다.

금방이라도 눈물을 쏟아 낼 것 같은 분위기를 눈치챈 잭슨
이 애써 밝은 목소리로 말했다.

"박사님과 나누었던 이야기가 궁금하면 언제든 말해 줄게.
아, 영지 씨가 걱정하시겠다. 얼른 집으로 돌아가자. 어서 타."

아이들이 헬멧을 쓰고 올라타자 잭슨이 오토바이에 시동을
걸었다.

부우웅! 잭슨은 일부러 더 크게 굉음을 내며 오토바이 속도
를 높였다. 오토바이는 템스강을 따라 시원하게 질주해 아빠의
집으로 향했다.

지구에서의 시간과
우주에서의 시간은 정말 다를까

0과 ✏️

"시간을 거슬러 올라간다."라는 말을 들어 본 적 있지? 참 오래된 표현인데, 이 문구에는 재미있는 의미가 숨어 있어. 첫 번째는 시간에 방향이 있다는 거고, 두 번째는 방향 자체도 '거스른다'와 '올라간다'는 두 가지 성질로 나뉜다는 거야. 어느 방향이든 시간을 '따라간다'는 말이 흥미롭구나.

지난 100여 년간 이 세상을 발전시키는 데 가장 큰 영향을 끼친 과학자를 꼽으라면 아빠는 아인슈타인을 떠올리지. 그의 이론은 원자 폭탄 같은 무시무시한 무기를 만들어 내기도 했지만, 인류가 시간과 공간에 대해 참으로 깊이 이해할 수 있게 해 주었거든. 아인슈타인의 이론 덕분에 시간과 공간이 뗄 수 없이 엮여 있다는 게 밝혀졌고 지금은 시간과 공간을 붙여서 '시공간'이라고 해.

그런데 말이야, 시간 속에서 어떤 방향성을 가지고 움직인다는 표현을 오래전부터 써 온 것을 보면, 사람들은 시간과 공간이 어쩐지 비슷하다는 사실을 직관적으로 파악하고 있었던 거 같아. 시간을 거슬러 올라간다는 말은 시간을 마치 공간처럼 묘사하는 거잖아. 반대로 사용하는 경우도 꽤 흔하단다.

오늘 아침에 아빠 집에서 1시간 거리에 있는 그리니치 천문대에 다녀왔거든. 정확히 말하면 집에서 5분 정도 걸어서 버스를 타고 그리니치 타운 인근 정류장에서 내린 다음 15분쯤 더 걸어가야 해. 하지만 이동 방법을 말하지 않아도

약 1시간 걸린다고 하면 어느 정도 거리인지 짐작할 수 있잖아.

우리 태양계와 가장 가까운 별인 프록시마 켄타우리는 지구에서 약 4.2광년 떨어져 있거든. 이것은 빛의 속도로 가면 약 4.2년 걸리는 거리라는 뜻이지. 이렇게 일상에서도 시간과 공간을 섞어서 이야기하곤 해.

그것은 아마도 '속도'라는 개념의 미묘함 때문인 듯해. 약간 수학적인 계산을 해 보자. 엄마가 탄 우주선이 시속 3만 킬로미터로 발사대를 출발하자마자 등에 태우고 있던 작은 탐사선을 시속 2만 킬로미터의 속도로 발사했어. 그럼 지구에서 보는 사람의 입장에선 탐사선이 시속 5만 킬로미터로 나아가야 할 것 같잖아 그런데 실제 속도는 49999.99997킬로미터란 말이야. 5만 킬로미터보다 약간 작은 값이지. 비록 그 차이가 미묘하지만 어쨌든 실제로 측정해 보면 정말로 차이가 나거든. 왜 이렇게 차이가 나는지를 설명하는 이론이 바로 아인슈타인의 '상대성 이론'이야.

 엄마가 탐사선을 발사하고 1시간을 기다리면 탐사선은 우주선보다 2만 킬로미터 더 앞으로 가 있을 거야. 그런데 지구에 있는 우리가 볼 때 우주선은 3만 킬로미터 멀어졌고, 지구에서 본 탐사선은 5만 킬로미터 멀어진 셈이지. 하지만 실제로 우리가 보기에 탐사선의 속도는 시속 49999.99997킬로미터였으니까 5만 킬로미터 지점에 있으려면 1시간보다 시간이 약간 더 필요해. 다시 말해, 우주선에 타고 있는 엄마에게 1시간이 흐를 때, 지구에 있는 우리는 1시간보다 약간 더 시간이 흐르는 거야. 이렇듯 보는 사람의 입장에 따라 시간이 느려지기도 빨라

지기도 해. 상대적으로 말이야.

우주선의 속도가 빠를수록 이 효과는 더 커진단다. 만약 우주선이 빛의 속도에 가까운 시속 10억 킬로미터로 날아가고 있다면 우주선에서 1시간이 흐르는 동안 지구에서는 2.6시간(2시간 36분)이 흘러. 수인이가 엄마와 함께 그 우주선을 타고 여행을 갔다가 한참 후에 지구로 돌아온다면 제인의 나이가 더 많아져서 언니가 되어 있을 거야. 너무 놀랍지? 처음 상대성 이론이 나왔을 때 과학자들도 너희처럼 시간의 흐름이 움직이는 속도에 따라 다르게 측정된다는 사실에 충격을 받았단다.

그리니치 천문대에 오면 시간에 대해 재미있는 생각을 하게 돼. 오늘은 "시간을 거슬러 올라간다."라는 말을 한참 곱씹었단다. 특히 '올라간다'라고 표현한 게 재미있었어. 아무래도 올라가는 게 내려가는 것보다 더 어렵잖아. 어쩌면 시간을 거슬러 갈 수 없는 것도 가는 길이 너무 가팔라서 그런 게 아닐까?

제 2 화

부리 마스크가 찾는 컴퓨터는 어디에?

부다다

끼익

우리 먼저
들어갈게요!

!

찍

!!

얘들아, 침착해!
위험할지 모르니
내가 먼저
살펴볼게.

잭슨은
뭐 하는 사람일까?

두리번   두리번

어?

현관문이 열려 있잖아!

무슨 일 있나?

영지 씨!

녀석들!

왜요? 영지 씨, 무슨 일 있었어요?

너희, 말도 없이 어딜 갔다 온 거야? 얼마나 걱정했는지 알아? 한참 찾았잖아!

"잭슨? 잭슨이 어쩐 일로……?"

영지 씨는 잭슨과 쌍둥이를 번갈아 보았다.

"요 앞에서 잭슨을 만났는데 얘기가 길어졌어요. 음악실에서 아빠에 대해 알려 줄 게 있다고 했죠, 잭슨?"

수인이 잭슨 팔을 당기며 지하 음악실 쪽으로 향했다. 제인은 어색한 미소를 짓고는 서둘러 수인을 따라갔다.

"너무 늦게까지 붙잡고 있지는 마라. 너희도 내일 할 일이 있으니까."

영지 씨가 벽시계를 보며 말했다.

아이들이 잭슨과 함께 지하로 내려가자 영지 씨는 소파에 털썩 주저앉았다. 아직도 다리가 덜덜 떨렸다. 쌍둥이가 돌아오기 전 2층에서 겪은 일 때문이었다. 영지 씨는 가슴에 손을 얹고 길게 한숨을 내쉬었다. 아이들에게는 차마 말할 수 없었다.

약 한 시간 전.

쿨쿨.

끼이익

수인이니?
제인?

헉!!

조용히 해! 묻는 말에
대답만 하면 바로 갈 테니
섣부른 행동 하지 말고.

이 박사에게서 컴퓨터에 관해 들은 이야기가 있으면 뭐든 말해라.

컴…퓨터?

아니, 그럼 아직 완성도 안 된 이 컴퓨터 때문에 우리 아들이 납치를 당했단 말인가요?

아무래도 그런 듯합니다.

컴퓨터에 대해선 난 아무것도 몰라요.

우리 이 박사는 무사합니까?

이 박사가 만든 컴퓨터와 관련된 중요한 정보를 찾아내면

가족들은 모두 무사할 거다.

아이들이요?

쿠웅

침착해.

헉

시간이 많지 않아. 빨리 찾아내지 않으면 우리도 무슨 짓을 할지 몰라.

컴퓨터가 어디에 있는지…

알아내라는 건가요?

척

맞아. 이 박사가 이 집 안에 숨겨 둔 비밀.

이 집 안에요?

앵 !

삐뽀 삐뽀

컴퓨터와 관련된 어떤 정보든 빨리 찾아내야 할 거야.

그렇지 않으면

우주에 있는 사람의 안전도 장담할 수 없으니까!

우주…?

둥

우주에 있는 사람이라면 메건 리 박사한테 무슨 짓을 하겠다
는 건가? 부리 마스크들은 온 가족을 위협하는 섬뜩한 말을 남
기고 유유히 사라졌다. 그들이 방을 나간 뒤에도 영지 씨는 놀
란 마음이 진정되지 않아 멍하니 앉아 있었다. 그러다 문득 정신
을 차리고 벌떡 일어났다. 부리 마스크가 한 말이 생각났다.

'이 박사가 만든 컴퓨터와 관련된 중요한 정보를 찾아내면
가족들은 모두 무사할 거다.'

영지 씨는 2층 방문을 열어 보며 수인과 제인의 이름을 불
렀다. 아무 대답이 없자 불안감에 온몸이 점점 떨려 왔다.

그때였다. 아래층에서 영지 씨를 부르는 목소리가 들렸다. 아
이들은 무사했다. 부리 마스크들이 침입했을 때 집에 없었다니
다행이었다.

잭슨은 지하 음악실로 들어오자마자 터널로 연결된 통로를 확인했다.

"박사님이 잠금장치를 설치해 둬서 아무나 쉽게 들어오진 못할 거야."

잭슨은 다시 한번 아이들을 안심시켰다.

"잭슨, 도대체 아빠에 대해 얼마나 알고 있는 거예요? 아빠랑 나눈 이야기는 뭐예요?"

수인이 잭슨의 옷자락을 잡아당기며 물었다.

"음, 어디부터 얘길 해야 할까?"

음악실을 둘러보던 잭슨이 좋은 생각이 난 듯 갑자기 바삐 움직이기 시작했다. 스피커와 음향 장비의 모니터를 켜고 상태를 확인했다. 능숙한 손놀림을 보니 이곳을 자주 이용했던 게 분명했다.

수인과 제인은 잭슨의 자연스러운 행동에 한결 마음이 놓였다. 왠지 아빠의 비밀을 풀어낼 수 있을 것만 같은 기대감에 부풀었다.

"너희, 소리에도 모양이 있다는 거 알지?"

잭슨이 드럼 쪽으로 가면서 물었다.

"네! 아빠가 소리로 그린 그림을 보여 준 적이 있어요!"

제인이 말했다.

처음 여기 왔을 때, 이 박사님이 나한테 보여 주신 게 있어.

그걸 너희에게도 보여 줄게.

심벌즈를 스피커 위에…?

둑

물까지…?

꼴 꼴 꼴

자, 80헤르츠 간다.

박사님은 소리의 파동을 이용해 계산도 할 수 있다고 하셨어.

그러려면 이 터널의 비밀을 풀어야 한다고.

비밀이요?

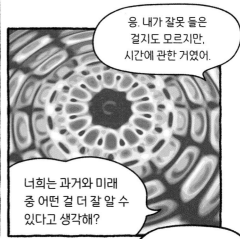

응. 내가 잘못 들은 걸지도 모르지만, 시간에 관한 거였어.

너희는 과거와 미래 중 어떤 걸 더 잘 알 수 있다고 생각해?

과거가 지나온 일이니까 더 확실하죠.

나도 그렇게 생각했는데, 박사님은 아닌 것 같았어.

이거 본 적 있어. 브레인 콘택트….

어머머!!

또 무슨 일이야? 너희 괜찮니?

별일 아니에요. 드럼에 걸려서 살짝 넘어졌어요.

"아이고, 심장이야. 아빠 물건 막 만지지 말고 조심해!"

영지 씨는 두근거리는 심장을 손바닥으로 눌러 진정시켰다.

잭슨과 제인이 서둘러 바닥에 쏟아진 물을 닦았다. 수인은 심벌즈를 주워 제자리에 갖다 두었다.

"너무 늦었네. 난 이만 가 볼게."

잭슨이 빠른 걸음으로 계단으로 향했다.

"잭슨, 내일 더 얘기해 줘요. 아빠가 좋아한 음악 얘기도요."

잭슨이 집으로 돌아간 뒤 수인과 제인도 2층 방으로 돌아와 침대에 걸터앉았다.

"제인, 너!"

수인이 제인을 보며 눈을 찌푸렸다.

"아, 미안. 나도 모르게 브레인 콘택트 얘기가 나왔어."

제인이 어깨를 움츠리며 사과했다.

이런저런 일들이 벌어져 피곤한 밤이었다. 하지만 침대에 누워서도 수인과 제인은 쉽게 잠들지 못했다.

"근데 아빠는 왜 과거와 미래가 다르지 않다고 생각한 걸까? 비밀은 또 뭐고?"

수인이 제인을 향해 돌아누우며 물었다.

"아빠가 편지에 썼잖아. 정보를 충분히 많이 알면 과거나 미래나 마찬가지라고."

"그런 내용이 있었다고? 아빠 편지는 몇 번을 읽어도 어려워. 근데 아까 하려던 얘기는 뭐였어?"

"아빠의 머릿속 세상에서도 파동 때문에 곤란했거든. 뭐, 파동으로 또 해결하긴 했지만."

제인이 몸을 뒤척이며 말했다.

"아빠는 소리의 파동을 이용해 뭘 계산하려고 한 걸까?"

수인의 물음에도 제인은 아무 대답이 없었다. 드르렁 소리에 돌아보니 어느새 제인은 코를 골고 있었다. 수인은 피식 웃고 말았다.

창문으로 밤하늘의 별이 보였다. 수인은 반짝이는 빛 중에 엄마의 우주선이 어디쯤 있을지 헤아려 보았다. 엄마가 보고 싶었다.

시공간 속으로 떨어지는 아인슈타인의 사과

0과 ✏️

과학자 아인슈타인은 시간과 공간이 따로 떨어져 있는 게 아니라 시공간으로 엮여 있다고 했어. 사실 그의 이론이 처음 발표되었을 때 당시 과학자들 중에도 금세 이해하지 못하는 경우도 있었지. 직관적인 결과가 실제 측정된 결과와 다르기 때문이야. 그런데 말이야, 아인슈타인은 더욱 놀라운 개념을 제시했단다. 시공간 자체가 모양을 가졌다는 거지. 무슨 뜻이냐고? 방의 모양을 바닥과 벽, 천장으로 된 정육면체로 생각하는 것과는 조금 다른 개념이란다.

아인슈타인의 이론을 이해하려면 '모양'이란 것이 도대체 무엇인지 자세히 생각해 봐야 해. 우리는 책의 모양을 어떻게 알아낼까? 이건 쉽지. 눈으로 보면 돼. 자, 우리는 어떻게 볼 수 있는 걸까? 책으로 가던 빛이 책 표면에 부딪혀서 튕겨 나와 우리 눈동자로 들어오기 때문에 그 모양을 볼 수 있어.

이건 책을 손으로 만져서 모양을 파악하는 것과 비슷해. 책을 만진다는 것은 내 손이 책으로 이동하다가 책 표면에 부딪혀서(또는 밀려서) 더 이상 나아가지 못하고 피부에 전달된 압력을 느끼는 거잖니.

더 자세히 들여다보면 피부 세포를 이룬 원자의 전기장이 책을 이룬 원자의 전기장에 부딪히는 건데, 빛의 반사와 크게 다르지 않아. 이렇게 두 물질이 서로에게 영향을 끼치는 것을 상호 작용이라고 해. 우리가 책의 모양을 알 수 있는 것도 두 물체 사이의 상호 작용이 움직이는 경로에 영향을 주기 때문이지.

그렇다면 우리는 공간과도 상호 작용을 할까? 어쩐지 이상한 질문이네. 공간은 만질 수 있는 게 아니었던가? 그런데 생각해 보면 딱히 물건으로 가로막혀 있지 않은 공간에서도 가기 어렵거나 아예 못 가는 경우가 있잖아. 가파른 오르막길을 가거나 아주 높이 뛰어오르는 건 쉽지 않지. 땅에 서서 위로 가는 것은 꽤 어렵거든. 보통은 중력 때문이라고 생각할 거야.

아인슈타인은 중력을 아주 색다른 관점으로 바라보았어. 아인슈타인 이전에는 중력을 뉴턴이 생각한 대로 사과와 지구 사이에 끌어당기는 힘, 느낄 수 있는 힘이라고 여겼거든.

　하지만 아인슈타인은 사과가 떨어지는 현상을 공간의 모양으로 설명했어. 무거운 지구가 공간을 휘게 해 만든 커다란 웅덩이에서 사과가 기울어진 경사로를 따라 지구 쪽으로 굴러가는 거라고 말이야.

　지구 역시 태양의 중력 때문에 태양 주위를 돌고 있지만 엄청나게 큰 태양의 중력을 느껴 본 적 있니? 전혀 느낄 수 없지. 다시 말해 오르막길을 오를 때 우리가 느끼는 것은 땅이 우리 몸을 가로막고 있는 것일 뿐, 중력은 느낄 수 있는 힘이 아니라는 거야.

　중력이란 그저 어느 방향으로는 가기 쉽게, 또 어느 방향으로는 가기 어렵게 만드는 자연 현상이야. 마치 책이 내 손이 나아가는 경로를 방해하는 것처럼. 아인슈타인의 입장에서 중력은 힘이 아니라 공간의 모양이 휘어지기 때문에 생기는 거야. 다시 말해 가기 어려운 방향은 마치 가파른 경사로와 같아서, 태양처럼 무거운 별이 주변 공간의 모양을 경사지게 하면 근처를 지나던 지구가 경사로를 따라 돌면서 움직이게 된다는 뜻이지.

　우주를 떠돌던 혜성도 태양 주변을 지나다가 중력이 휘어 놓은 공간을 따라

방향을 틀기도 해.

　이제 공간이 모양을 갖고 있다는 게 이해되니? 실은 이미 과학자들 대부분은 중력을 뉴턴이 아닌 아인슈타인의 이론으로 받아들이고 있단다.

　눈에 보이지 않는 소리에도 모양이 있어. 너희가 직접 소리의 모양을 만들어 보렴. 금속판 위에 모래를 뿌려 놓고 수인이의 바이올린 활로 판의 가장자리를 문질러 봐. 판에서 소리가 나면 모래들이 소리의 모양을 보여 줄 거야. 그 모양을 '클라드니 도형'이라고 부른단다.

　그렇다면 중요한 질문이 하나 생기네. 공간의 모양은 어떻게 만들어질까?

1에게

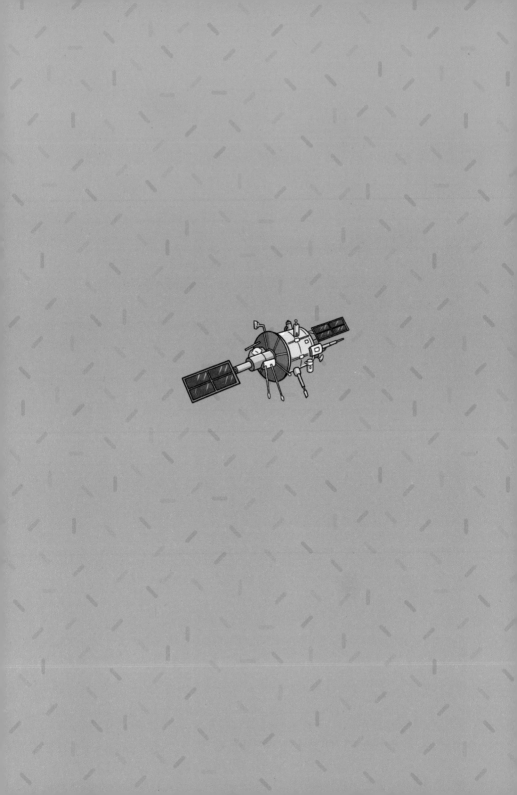

제3화

메건 리 박사가
위험하다!

어떻게 세상은 아무렇지도 않은 거지?

다음 날 아침, 영지 씨는 일어나자마자 텔레비전을 켰다. 혹시 이 박사에 관한 새로운 소식이 있을지 궁금해서였다.

온통 각국 정상들이 참여하는 경제 회의에 관한 기사들뿐이었다. 이 박사 이야기는 어디서도 찾아볼 수 없었다. 리모컨을 꼭 움켜쥔 영지 씨 손이 부들부들 떨렸다. 영지 씨 가족 이외의 세상은 너무나도 평온했다.

딩동! 딩동!

벨 소리에 영지 씨는 텔레비전을 끄고 현관문으로 향했다.

첸 박사였다. 약속 시간보다 일찍 찾아온 박사는 다짜고짜 얼른 연구소로 가야 한다고 재촉했다.

"첸 박사, 오늘은 쌍둥이만 가도 될까요?"

영지 씨는 2층에서 내려오는 아이들을 번갈아 보며 물었다.

"왜요? 갑자기……?"

제인이 묻자 영지 씨는 목덜미를 주무르면서 피로가 쌓였다며 반나절만 쉬면 괜찮아질 거라고 했다.

"영지 씨 혼자 있을 때 부리 마스크가 찾아오면 어떡하려고?"

수인의 얼굴에 걱정이 한가득이었다.

"그럴 일은 없어. 경찰들이 집 주변을 지키고 있으니까."

첸 박사가 밖을 살피며 말했다. 영지 씨는 창문 너머로 경찰차를 바라보며 짧게 한숨을 내쉬었다.

세상 제일 쓸모없는 경찰들이었다.

"난 괜찮으니 걱정 말고 다녀오렴. 첸 박사, 애들 잘 부탁해요. 너무 무리하지 않게요."

영지 씨 목소리가 살짝 떨렸다.

"영지 씨, 혹시 모르니까 해리 할아버지한테 연락해 둘게요."

수인이 탁자에 놓인 영지 씨의 휴대 전화를 집어 들었다.

"정말 괜찮다니까!"

영지 씨는 휴대 전화를 빼앗으며 조금 신경질적으로 대답했다. 수인은 영지 씨의 행동에 화들짝 놀랐다. 이를 눈치챈 영지 씨가 재빨리 사과했다.

"놀라게 해서 미안해. 나 혼자 조용히 쉬고 싶어서 그래."

영지 씨가 놀란 수인의 어깨를 토닥이며 달랬다.

"영지 씨, 아이들 걱정 말고 푹 쉬세요. 브레인 콘택트 끝나면 바로 돌아오겠습니다. 얘들아, 얼른 가자."

챈 박사가 나서서 영지 씨를 안심시켰다. 그러고는 수인의 손을 잡고 음악실로 내려갔다.

"다녀올게요!"

"영지 씨, 아프면 안 돼요!"

제인이 영지 씨를 꼭 안아 주고는 씩씩하게 뒤따라갔다.

이 집 안에
무슨 컴퓨터가
있다는 거야?

"도대체 여기에 무슨 비밀이 있다고!"

털썩! 영지 씨는 바닥에 주저앉아 버렸다.

"저랑 같이 찾으실래요?"

어느새 나타난 잭슨이 지하 음악실 계단 위에 서 있었다.

"잭, 잭슨? 여긴 어떻게 들어온 거야?"

"이 집은 너무 허술해요. 그러니 침입자들이 마음대로 들락

거리지요. 갑작스럽겠지만 그렇게 경계하지 않으셔도 돼요. 저

는 이 박사님 편이에요."

뭐? 우리 수인이랑 제인이도?

...정 마세요.
...아무 일도 ...었으니까요.

영지 씨는 잭슨이 그저 평범한 대학원생이 아니란 걸 깨달았다. 아무도 믿을 수 없는 상황이지만 이 박사를 찾는 데 도움이 된다면 지금 영지 씨는 누구의 손이라도 빌려야 했다.

"지금 난 컴퓨터를 찾고 있어."

잭슨이 고개를 끄덕였다.

"우리가 힘을 합치면 뭐든 찾을 수 있을 거예요."

바닥은 왜?

영지 씨, 좀 도와주세요.

끙차!

어제 수인이가 물을 쏟아서 치우다 보니

어딘가로 물이 스며들더라고요.

65

바닥에 틈이…!

어머! 열리네!

딸깍

이게 뭐지?

변압기예요.

선이 지하 터널 쪽으로 연결되어 있네요.

근데 가정용이라고 하기에는 용량이 너무 큰데….

가정용이 아니면 어디에 쓰는 건데?

글쎄요?

전기 시설과
터널….

이 박사님이 터널
안에서 그리던 설계도….

이것들이 서로
관련이 있지
않을까?

스윽

저는 좀 더
조사해 볼게요.

뭔가 찾아내면
바로 알려 드릴 테니
영지 씨는 다른 곳을
더 살펴봐 주세요.

잭슨도 터널의 존재를 알고 있다는 사실에 영지 씨는 깜짝 놀랐다. 잭슨은 누구일까? 잭슨이 터널의 어둠 속으로 사라지고 문이 닫힐 때까지 영지 씨는 눈을 떼지 못했다.

띠링! 그때 영지 씨의 휴대 전화로 문자 메시지가 왔다.

"우주에 있는 사람이 곧 위험에 빠진다."

뒤이어 영상도 보내왔다.

"아니, 이건 메건이 타고 있는 우주선인데?"

쿵!

그때 거실에서 뭔가 떨어지는 소리가 들렸다. 영지 씨는 급히 위층으로 뛰어 올라갔다. 거실 한가운데에서 이상한 일이 벌어지고 있었다.

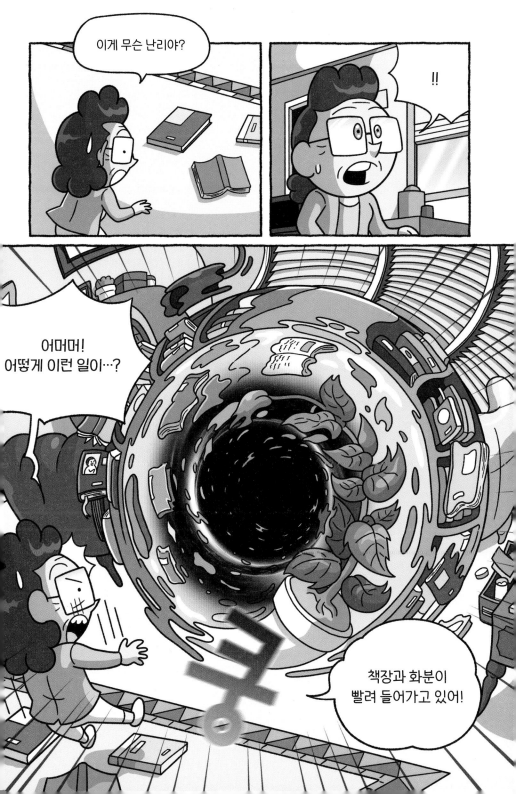

꼼짝을 안 해!

잠깐… 화분이 빨려 들어가는 게 아니라 분해되어 사라지고 있잖아!

쿠우우

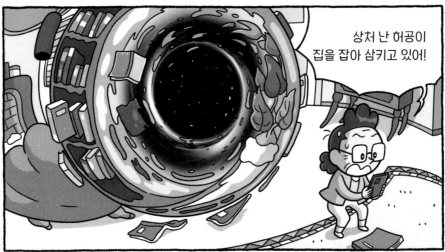

상처 난 허공이 집을 잡아 삼키고 있어!

띠디리 리리

첸 박사에게 알려야 해.

첸 박사

띠디리리

통화할 수 없는 지역이니 나중에 다시 걸어 주시기 바랍니다.

이런!

전화가 연결되지 않는 걸 보니 첸 박사와 아이들은 벌써 연구소에 도착한 모양이었다. 브레인 콘택트 연구소는 외부와 통신이 차단되어 있었다. 영지 씨는 잭슨의 도움이라도 받아 보려고 다시 지하 음악실로 내려갔다.

터널로 이어지는 문은 굳게 닫혀 있었다. 영지 씨는 책장에서 책을 꺼내 문을 열고 터널 쪽으로 내려가 잭슨을 불렀다. 하지만 아무 대답도 들리지 않았다.

"잭슨! 어디 있어요? 이리 와서 나 좀 도와줘요!"

터널 안에서 영지 씨의 목소리만이 메아리쳐 되돌아왔다. 언제 올지 모르는 잭슨을 기다리고만 있을 순 없었다. 음악실로 돌아오자 쿵! 위층에서 또다시 책 떨어지는 소리가 들렸다. 상처 난 허공으로 주변 사물들이 계속 빨려 들어가고 있었다.

영지 씨는 부리 마스크가 보내온 영상을 다시 보았다. 우주에 있는 사람. 메건 리 박사가 타고 있는 우주선에 무슨 짓을 하려는 게 분명하다. 하지만 어떤 일을 벌일지 상상도 안 되었다.

"안 되겠어. 그냥 가 보자!"

영지 씨는 전차를 타고 갔던 비밀 연구소까지 달려가기로 마음먹었다. 전차로 대략 20분 거리였다. 전차 속도를 시속 30킬로미터로 계산하면 연구소는 약 10킬로미터 떨어져 있다. 마라톤하듯 달리면 한 시간 안에 갈 수 있다. 더는 망설일 수 없었다.

영지 씨는 다시 달리기 위해 일어섰다. 절뚝절뚝 발을 디딜 때마다 발목이 끊어질 듯 아팠다. 하지만 발걸음을 멈출 수는 없었다. 후후하하 한 호흡씩 내뱉으며 서서히 속도를 올렸다. 생각이 많아지면 달리는 게 힘들다. 속도를 유지하려고 했지만 이내 온몸이 땀에 젖고 숨이 차올랐다.

헉헉! 헉헉! 발소리가 느려질수록 숨소리는 더 커졌다.

소리로 숫자를
나타낼 수 있을까

0과

　음악이란 무엇일까? 참 어려운 질문이지. 우리는 노래 부르고 피아노나 바이올린 연주도 하고 공연을 관람하기도 하지만 막상 음악이 뭔지 대답하려면 참 난감해. 생각해 보면 "고양이가 무엇이냐?" 하고 물어도 답하기 어렵잖니. '이것은 무엇인가?'라는 기본적인 질문이 어쩌면 가장 어려운 질문일지도 모르겠구나.

　아빠는 수학자라서 어떤 대상이 무엇인지 알고 싶을 때 그것을 분해해 보곤 해. 그런데 분해를 하다 보면 쪼개도 또 쪼개지고 또 쪼개져서 점점 더 작은 구성 요소를 따져 보게 된단다. 아주 옛날에도 아빠처럼 생각한 사람들이 있었어. 어떤 물건이든지 계속 쪼개다 보면 더 이상 쪼개지지 않는 가장 기본이 되는 요소가 있을 거라고 추측했지. 모든 물질을 구성하는 기본 요소를 연구했던 수많은 과학자의 발견이 이어지면서 '원자'라는 개념이 탄생한 거야.

　예를 들면 돌의 가장 중요한 원자는 규소야. 우리 몸은 거의 대부분 산소, 탄소, 질소, 수소, 칼슘, 그리고 인이라는 원자들로 이루어졌어. 물론 이 원소들을 아무렇게나 섞는다고 사람이 되지는 않아. 원자들이 어떻게 배열되는가가 중요하거든.

　그렇다면 음악을 이루는 가장 기본적인 요소는 무엇일까? 도, 레, 미, 파, 솔

이라고 일컫는 '음'이 떠오를 거야. 이런 음의 배합으로 음악이 만들어지니까. 물론 훌륭한 음악 작품이 되려면 음을 어떻게 잘 배합하는가가 중요하지.

이걸 피타고라스가 발견했다는 전설이 있어. 어느 날 대장간을 지나던 피타고라스가 아름다운 소리에 이끌려 가 보니 대장장이 두 명이 망치로 쇠막대를 내리치고 있었대. 그 소리가 아름답게 들린 이유는 두 명의 대장장이가 쇠막대를 두드릴 때 막대 길이가 특정 비율을 이루면서 생겨나는 화음 때문이었어. 아빠가 전에 '음의 나눗셈'에 대해 설명한 적이 있지? 한 음을 다른 음으로 나누었을 때 $\frac{2}{3}$, $\frac{4}{3}$와 같이 간단한 분수가 나오면 아름다운 소리가 난다는 거지. 이것을 '화음'이라고 하는데, 음을 사용해서 만들 수 있는 가장 간단한 음악이야.

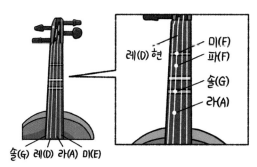

레(D) 현
미(F)
파(F)
솔(G)
라(A)

솔(G) 레(D) 라(A) 미(E)

그런데 이론적으로는 맞지만 실제 쇠막대기로 이런 효과를 내기는 어려워. 그러니 수인이가 잘 아는 바이올린으로 설명해 볼게.

바이올린은 4개의 현을 손가락으로 짚으면서 여러 가지 음을 낼 수 있잖아. 아무 곳도 짚지 않은 개방현일 때 각 현은 솔(G), 레(D), 라(A), 미(E) 음을 내고, 현을 짚으면 음이 올라가는 방식이지. 예를 들어 레(D) 현에서 빨간색 선 부분을 짚으면 미(E) 음이 나오는 식이란다.

이렇게 미(E) 음을 내도록 손가락으로 짚고 활을 켰을 때 떨리면서 소리를 내는 현의 길이를 '미의 길이'라고 해. 피타고라스가 발견했다는 음의 나눗셈은 어떤 음의 길이를 다른 음으로 나누었을 때 다음과 같은 분수가 나온다는 거야.

$$(\text{솔의 길이}) \div (\text{도의 길이}) = \frac{2}{3} \qquad (\text{높은 도의 길이}) \div (\text{솔의 길이}) = \frac{3}{4}$$

$$(\text{라의 길이}) \div (\text{레의 길이}) = \frac{2}{3} \qquad (\text{미의 길이}) \div (\text{도의 길이}) = \frac{4}{5}$$

$$(\text{파의 길이}) \div (\text{도의 길이}) = \frac{3}{4} \qquad (\text{라의 길이}) \div (\text{파의 길이}) = \frac{4}{5}$$

신기하게도 어느 현을 사용해도 항상 이렇게 된단다. 현에 따라 솔의 길이나 도의 길이는 다르지만 이상하게도 두 음의 길이를 나누면 늘 $\frac{2}{3}$가 나오지. 수인이도 바이올린을 연주하면서 이런 규칙을 느껴 봤겠지만 정확한 분수 관계까지 알고 있으려나?

당시 사람들도 왜 이런 규칙이 나타나는지 몰랐어. 그때까지는 그걸 이해할 정도로 수학이 발전하지 않았기 때문이지. 음의 나눗셈에 숨어 있는 규칙의 비밀은 18세기에 들어서야 풀려. 너희가 나중에 현의 움직임을 배우게 되면 그때 다시 설명해 줄게. 일단 신기한 규칙이라고만 받아들여도 좋아.

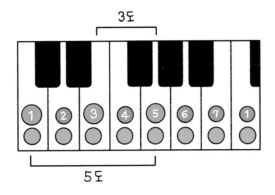

요즘엔 두 음을 연결하는 피아노 건반의 수에 따라 '5도 화음', '4도 화음'…… 이런 표현을 쓰지. '8도 화음'은 '옥타브'라고도 하는데, 어떤 음의 길이를 한 옥타브 낮은 음의 길이로 나누면 $\frac{1}{2}$ 이 나온단다.

화음	8도	5도	4도	3도
짧은 현의 길이 / 긴 현의 길이	$\frac{1}{2}$	$\frac{2}{3}$	$\frac{3}{4}$	$\frac{4}{5}$

고대 사람들에게 화음과 분수의 관계는 굉장히 놀라운 개념이었나 봐. 당시에는 수라는 것 자체가 꽤 신비에 싸여 있었거든. 아름다운 소리로 합쳐지는 현들의 길이를 나누면 간단한 분수가 나온다는 사실은 어쩐지 물질과 아름다움과 수를 한 번에 이어 주는 것 같았거든. 그 신비로움에 매료된 사람들은 수학이야말로 세상을 설명하는 놀라운 방식이라는 걸 알아차리고는 '모든 것은 수'라는 믿음을 갖게 된 것이 아닐까? 지금은 세상의 거의 모든 현상을 수학적으로 설명하는 현대 과학에 꽤 익숙해져서 이런 주장이 그리 놀랍지 않겠지만 말이야.

1에게 ✏️

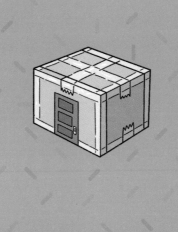

제 4 화

아빠가 숨겨 둔 공식을 찾아라

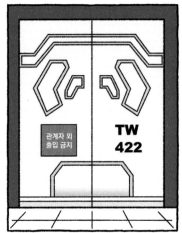

관계자 외
출입 금지

TW
422

첸 박사와 쌍둥이는 연구소에 도착해 TW422 연구실로 향했다. 전차를 타고 오는 동안 수인과 제인은 첸 박사에게 터널에서 부리 마스크를 마주쳤다가 잭슨의 도움을 받은 일에 대해 말하지 않았다.

"그동안 모은 여러 정보를 통해 아빠가 있는 장소를 추적하고 있어. 곧 아빠를 만날 수 있을 거야. 벌써 아빠의 뇌에서 얻은 신호의 70퍼센트 정도를 해석했거든."

첸 박사가 자신 있게 말했다.

"아빠가 어디 있는지 찾았어요?"

"아직 결정적인 정보가 부족하단다. 제대로 된 정보 하나만 찾아내면 될 것 같아. 자, 아빠한테 시간이 많지 않으니 조금만 더 힘내자!"

첸 박사는 자꾸만 두 손을 비볐다.

수인은 첸 박사가 조급해하고 있다는 걸 알 수 있었다. '상처 난 허공'을 본 뒤 첸 박사의 태도가 달라졌다.

"어딘가 공식이나 설계도가 있을 거야. 뭔지 모르겠더라도 일단 잘 봐 두기만 해. 너희는 몰라도 나는 알 수 있으니까. 구석구석 놓치지 말고!"

접속을 시작하기 전 첸 박사가 수인의 손목을 잡으며 말했다.

살짝 겁에 질린 수인이 되물었다.

"공식이나 설계도요?"

수인은 의아했지만 아빠를 찾는 데 도움이 된다면 뭐라도 해야 했다. 서서히 눈을 감자 정신이 점점 희미해졌다. 다시 브레인 콘택트가 시작되었다.

딩가딩거!

뒤쪽

응?
뒤를 보라고?

헉!
이게 뭐야?

둥

파닥

!

끼이익

엥?!

뭐야? 왜 이렇게 작아?

밖에서는 엄청 커 보였는데….

잠깐만!

헐!

크지만 작은 공간!

너무 신기해!

샥

?

문이 또….

절 꺽

오호!

어라? 가까이 갈수록 나무는 커지는데 저건 왜 작아지...

저건 뭐지?

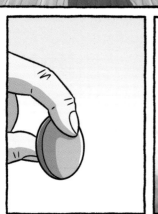

숫자 0 모양이야. 혹시 아빠가 주는 건가?

맞아. 너는 그게 뭔지 잘 알지?

앗, 깜짝이야! 딩가딩거!

이거, 기억의 나무 맞아?

아빠한테는 시간이 많지 않아.

딩가딩거, 나도 기억의 나무를 보고 싶어.

문제를 풀면 데려다줄게.

할짝 할짝

또 문제?

싫음 말고~.

딩가르 딩거르

문제를 낼까르~, 말까르~.

딩가르 딩거르

풀면 되잖아.

얄밉네.

부르르

네가 가진 숫자, 그거 바닥에 내려놔.

파닥

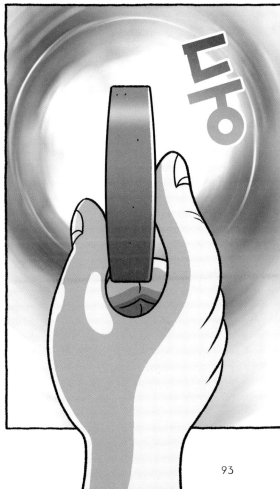

"오, 똑똑한걸! 블록을 굴려서 1이라고 쓰려고 했던 것도 흥미로운 발상이야!"

수인은 딩가딩거의 말투가 아빠랑 비슷하다고 느꼈다.

"어떻게 보느냐에 따라 달라지고, 또 어디에 쓰이느냐에 따라 결과는 얼마든지 달라지지. 이 세상에 그 무엇도 정해진 건 없어."

"맞혔으니까 이제 기억의 나무로 데려다줘."

수인은 빨리 아빠를 만나고 싶었다.

"넌 여기가 어디라고 생각해?"

"어디긴 어디야? 책 속에 있는 허허벌판이지."

수인이 보란 듯이 사방을 한 바퀴 돌고는 어깨를 으쓱하면서 양 손바닥을 내밀었다.

"저 나무 빼곤 아무것도 없잖아."

수인이 블록이 놓여 있던 나무를 가리켰다.

"정말 저 나무 한 그루뿐일까? 난 여기가 다르게 보이는데."

딩가딩거가 손을 들어 주위를 가리켰다. 수인은 무슨 말인지 알 수 없었다.

쑤우욱.

그때 수인이 딛고 선 바닥이 부풀어 올랐다. 텅 비었던 곳에 언덕이 솟아오르더니 바람이 불어와 수인의 머리카락이 흩날렸다. 그 바람을 타고 나뭇잎 하나가 딩가딩거의 손바닥 위로 떨어져 내렸다. 이내 나뭇잎이 눈발이 날리듯 나부끼며 쏟아졌다.

이것들은
다 뭐야?

파

파 파 팍

곰팡쥐들!

꺄악!

빨리 현관으로!!

으아~, 싫어~!!

비밀번호?!

1879와 1877은
쌍둥이 소수.
18791877!

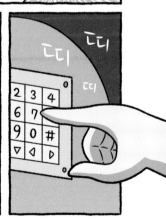

뜨디 뜨디

뜨디

어서 들어가!

곰팡쥐가 왜 이렇게 많은 거야!

연기처럼 사라졌어.

무서워….

안으로 들어가!!

!!!

너…!

분명 브레인 콘택트는 한 사람만 접속할 수 있다. 연구실에도 브레인 콘택트 장비는 하나뿐이니 지금 아빠의 머릿속에는 수인이만 있어야 한다.

그런데 수인이 접속한 아빠의 머릿속 세계에 제인이 나타난 것이다.

"무슨 일이 일어난 거지?"

마주 잡은 수인과 제인의 손이 떨렸다.

"제인, 네 얼굴에 반창고는 뭐야?"

수인이 제인의 얼굴을 가리키며 물었다.

"조금 전에 종이에 베었잖아."

"베었다고?"

"첸 박사님이 너 말리다 가……."

쿵! 쿵!

제인이 황당해하는 순간

밖에서 곰팡쥐들이 문에 부딪치는 요란한 소리가 들렸다. 현관문이 들썩이는 게 금방이라도 부서질 것 같았다.

"서둘러! 저기로 올라가자!"

딩가딩거가 나무 위쪽으로 올라갈 수 있는 나선형 계단을 가리켰다.

...

안 올라오고
뭐 해?!

!!

으응…!

ㅜ우닥닥

뀨우

여기 있었구나!

이거 받아.

?!

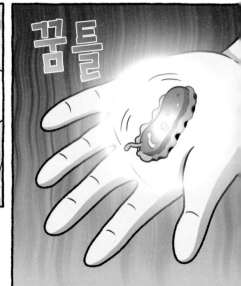

너희도
어서 하나씩
몸에 묶어.

옳거니!

허리에 묶으면…
아싸! 라이트
훌라후프!!

장난할 때냐.

나는 사양할게.

그냥 너희 뒤에서
따라가면 돼.

나는 팔에다 묶어야지.

"딩가딩거, 지금 어디로 가는 거야?"

수인이 앞서가는 딩가딩거에게 물었다.

"너희는 여기 왜 왔는데?"

"아빠를 만나러."

수인과 제인이 동시에 말했다.

"나는 너희를 돕고 있어."

딩가딩거는 무심하게 대답하곤 부지런히 계단을 올랐다.

"그러니까 아빠를 만날 수 있게 돕는다는 거야?"

수인이 딩가딩거를 붙잡고 되물었다.

"기억의 방에 데려다줄게."

"기억의 방?"

"일단 가 보면 알 거야."

딩가딩거는 또다시 애매하게 답하고는 앞서 나아갔다.

몸에 매단 빛나는 애벌레 덕분에 앞이 잘 보였다. 셋은 한참을 말없이 계단을 올랐다. 그때 갑자기 딩가딩거가 걸음을 멈추고는 벽에 바짝 다가가 귀를 댔다.

"쉿! 조용히 하고 잘 들어 봐."

딩가딩거는 손가락을 입에 가져다 대며 말했다. 수인도 딩가딩거를 따라 눈을 감고서 귀에 온 신경을 집중했다. 나무 벽 안쪽에서 희미한 소리가 들려왔다.

물소리가 들려!

이 물소리를 따라가면 위로 올라갈 수 있어.

진짜네!

물을 왜 따라다녀?

이 나무속에서 위쪽 방향을 알려 주는 건 물줄기뿐이야.

그냥 계단을 따라 쭉 올라가면 위로 가는 거 아니고?

그럼 그렇게 해 보세요.

오케이! 나를 따르라~, 제군들!

"올라간다고 생각했는데 내려가고, 내려가면서도 올라간다고 착각하는 게 우리 머릿속이야."

수인은 딩가딩거의 설명을 듣고도 믿기지 않아 계단을 뛰어 올라갔다. 그러나 다시 아래쪽 계단이었다.

"거봐, 그래서 나무속에 흐르는 물소리를 잘 듣고 올라가는 물줄기를 따라가야 해."

딩가딩거는 계단을 오르다가 멈춰 서서 물줄기 소리를 확인 하고는 중간 연결 통로로 빠졌다. 뒤따라 올라오는 수인과 제인 의 숨소리가 점점 거칠어졌다.

"다리가 아파서 더는 못 가겠다. 조금만 쉬었다 가자."

수인은 나무 벽에 몸을 기대며 그대로 주저앉았다. 그 모습 을 본 딩가딩거가 손을 내저으며 말렸다.

"그쪽 나무 벽은 얇아서 위험해. 조금만 더 가면 쉴 만한 곳 이 나올 거야."

딩가딩거가 빨리 오라고 손짓을 하고는 성큼성큼 걸어갔다.

"으아, 나도 다리에 힘 풀렸어. 더는 못 가겠다!"

뒤따라오던 제인도 수인 곁에 털썩 주저앉으며 벽에 머리를 기댔다. 그 순간 벽 안쪽에서 뭔가 갈라지는 소리가 났다.

"뭐지? 너도 느꼈어?"

수인의 말에 제인이 불안한 표정으로 고개를 끄덕였다.

켁
켁

덜썩

우리
죽을 뻔했어….

딩가딩거는?!

하아…, 아빠를 만나게
해 준다고 했는데….

계단도 물에 완전히
잠겨 버렸어.

잠깐!
곰곰이?!

곰곰아!

나속

곰곰아!

뚱뚱한
머리 위에

뀨?

엉

으어어~!

통 통

오호! 물기를
다 빨아들였네!

수인, 너도 해 봐.

무서워!

나 참, 뭐가 무섭니?
곰곰이 덕에 빨리
마르고 좋은데.

봐 봐, 잘 보면
곰곰이 귀여워.

하지 마!

나 좀 그냥
놔둬!

거참, 성격 이상하네.

거기 벌레!

털썩

으어어~!

같이 있자!

으이구, 겁쟁이!

시간이 뒤틀린 걸까?

아빠의 머릿속이 혼란에 빠진 건 아닐까?

어떻게 된 거지? 분명히 번갈아 가면서 브레인 콘택트를 했는데 지금 우리가 같이 있잖아?

　수인은 '세상에 정해진 건 없다'는 딩가딩거의 말을 떠올리고
는 블록을 이리저리 옮기며 여러 가지 모양을 만들어 보았다.

　"어떻게 봐야 한다는 거야? 아빠가 무슨 생각을 하는지 우리
가 정말 알아낼 수 있는 걸까?"

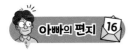

수학자들은 왜
방정식을 만들까

0과 ✏️

아빠는 요즘도 틈날 때마다 역사 공부를 하고 있어. 주로 수학의 역사를 들여다보지만 공부를 하다 보면 과학, 기술, 사회, 정치, 예술 등 다양한 시각으로 역사를 보게 되더라. 인간의 관심사와 탐구 영역은 어떤 식으로든 다 연관되어 있으니 말이지.

역사는 옛날로 거슬러 올라갈수록(앗! "시간을 거슬러 올라간다."라는 표현을 또 썼네.) 알기 어려워지잖아. 아주 오래전에는 그 시절을 기록할 방법이 없었고, 막상 기록해도 긴 세월 동안 보존하기도 쉽지 않으니까.

그런데 무려 2000년 전에 쓴 수학자의 책이 지금까지 전해지고 있단다. 그 책을 쓴 사람은 유클리드라는 수학자인데 수학의 역사에서 굉장히 중요한 인물 중 하나야. 그가 남긴 책 《기하학 원론》은 지금까지도 수학적 사고의 표본으로 인정받고 있어.

사실 유클리드에 대해서는 기원전 4~3세기에 걸쳐서 이집트에 살았다는 것 말고는 확실하게 밝혀진 게 거의 없어. 그와 관련된 전설이나 이야기는 많지만 어떤 사건이 있었다는 것을 파악하더라도 시간의 흐름 속에서 역사적 이야기로 풀어내기란 참 어려운 일이야. 솔직히 100년 전 역사라고 해도 자세한 사항까지 다 알 수 없는데 2000년 전은 오죽할까?

생각해 보면 우리 자신의 과거도 시간이 지날수록 금세 희미해지잖아. 특히 그 상황에 대해 자세히 질문하면 대답하지 못하는 게 많지. 심리학자들의 말에 따르면, 우리는 일어나지 않은 일을 기억으로 만들기도 한다고 해.

지난주에 그리니치 천문대에 갔다고 했잖아. 버스를 타고 템스강을 건너간 것은 기억하지만 그날 무슨 옷을 입고 있었는지는 잘 모르겠어. 가면서 어떤 사람들을 지나쳤는지 물어보면 더더욱 모르지.

반대로 미래에 관해서는 아직 모른다고 생각하잖아. 오지 않은 시간이니 미리 헤아려 보고 짐작할 수는 있지만 확실하지는 않다? 글쎄, 아빠는 내일도 태양이 뜰 거라고 굉장히 자신 있게 이야기할 수 있어. 온도는 대략 어느 정도일 것이고 아침 7시에는 잠에서 깨어 침대를 정리하고 있을 거야. 8시에는 커피를 들고 버스 정류장에 서 있을 거고. 10시에는 연구실에서 첸 박사와 화상 회의를 하고 있을 테지. 어때? 이 정도면 아직 오지 않은 내일에 대해 꽤 자세히 알고 있잖니.

수학자나 물리학자들은 현재 상태를 충분히 정확하게 알면 미래도 얼마든지 예측할 수 있다고 믿는단다. 자연 현상이 수학적 원리를 따르기 때문이야. 세상을 이루는 모든 물체와 에너지가 만족하는 방정식이 있으니 그 방정식만 풀면 앞으로 어떻게 될지 다 알 수 있다는 거지. 그렇다면 미래가 이미 다 정해져 있는 건 아닐까? 과거, 현재, 미래가 이미 다 정해져 있다고 믿는 사람들을 '결정론자'라고 해. 아빠는 어떤 면에서 결정론자인 셈이지.

그렇다면 세상이 돌아가는 원리를 설명할 수 있는 방정식이라는 게 있어야 하잖아. 그런 종류의 방정식을 처음 발견한 사람이 뉴턴이란다. 뉴턴은 한 입자가 어디에서 얼마나 빠르게 움직이는지를 정확하게 알면 1초 뒤에 그 입자가 어디에 있을지, 얼마의 속도로 움직이는지 알 수 있는 방정식을 찾아냈어. 다시 말해, 현재 상태에 관한 모든 정보를 파악해서 뉴턴의 방정식을 아주 빠르게 계산할 수 있다면 미래도 얼마든지 예측할 수 있다는 거야.

뉴턴의 이론이 발표된 이후 많은 과학자는 세상의 모든 일을 입자의 운동으로 설명할 수 있게 되었기 때문에 결정론을 믿게 된 거야. 그런 관점으로 보면 과거와 미래도 별 차이가 없겠지. 굳이 물리학이나 수학을 끌어오지 않아도 아빠는 어제의 나를 기억하는 것과 내일의 나를 예측하는 것이 그리 다르지 않은 듯해. 대략 알 수는 있지만 자세한 것까지 알아내기는 힘들잖아.

그럼에도 불구하고 우리는 시간이

한쪽 방향으로 '흐른다'고 느끼잖아. 왜 그럴까? 이건 상당히 어려운 과학의 수수께끼야. 또 한 가지 어려운 문제가 있지. 과학적 원리에 따라 모든 것이 결정되어 있다면 우리 마음대로 되는 게 없어야 하잖아. '의지'를 갖고 뭔가를 해내려고 하는 모든 시도가 무의미해지는 허탈감 같은 것도 생기고. 정말로 우리가 목표를 가지고 애써 노력한다고 해도 미래는 변하지 않는 걸까? 지금 일어나고 있는 모든 일은 이미 정해져 있던 걸까?

1에게 🖊

제5화

기억의 방을
탐험하는 쌍둥이

수인은 아직 아무런 정보도 얻지 못했다. 손에 든 0과 1 숫자 모양 나무 블록이 전부였다. 여기서 뭔가 더 알아내야 했다.

"딩가딩거를 만나려면 아까 그곳으로 다시 가야 하는데 찾아갈 수 있을까?"

"거기로 가려면 저 계단으로 가야 하는데?"

제인이 물에 잠긴 계단을 가리켰다.

"그럼 가만히 여기 앉아서 기다려?"

수인이 어두운 주위를 둘러보며 말했다.

"나도 몰라. 생각 좀 해 보자."

쿵
쿵

물소리를
찾고 있구나!

소리가 나!

사
와
아

수인아, 곰곰이가
물줄기를 찾고 있어.

물줄기?

딩가딩거가 그랬잖아.
올라가는 물줄기를
따라가야 한다고.

!

곰이가 물소리를
찾아 간다!
어서 쫓아가자!

어? 물소리가 작아졌어.
꽉 막혀 있는 것
같기도 하고….

막혔다고?

곰곰아,
왜?

이 안에 뭔가
있는 것 같아!

하나둘…

조, 조심해, 제인!

헉!
저건?!

꺄르르!!

와아!!

수인이랑 제인이가
소리로 꽃을 그렸네.

아…빠?

아빠가 어딨어?

다른 방으로 가 보자!

!

후 닥 닥

0402

생일 축하합니다. 생일 축하합니다.

사랑하는 수인이, 제인이 생일 축하합니다!

바이올린
소리가… 들려!

저 날 기억나.

저쪽으로 올라가야 해!

잠깐!

왜?

저… 방들에 아빠의 기억들이 보관되어 있잖아.

아빠가 사라진 그날의 기억도 있을 기야.

곰팡쥐가 따라올 텐데?

지금은 잠잠해졌으니 괜찮을 것 같이.

이대로 계단을 올라가면 다시 여기로 못 올지도 몰라.

"그래서 저 많은 방을 일일이 열어서 확인해 보자고?"

"방문에 적혀 있는 숫자 말이야. 날짜를 뜻하는 거 같아."

"날짜?"

"아까 처음 들어간 방은 0331인데, 다음은 0332가 아니라 0401이었거든. 여기도 0430이고, 다음은 0501이야."

수인이 0501 방문의 숫자를 가리키며 말했다. 제인은 옆방 문에 적힌 0430이라는 숫자를 확인했다.

"넌 가끔 참 똑똑하단 말이야."

"딩가딩거가 위쪽으로 가려고 했던 게 아마도 최근 기억일수록 더 높은 곳에 있기 때문인가 봐."

"그럼 위로 갈수록 아빠의 최근 기억이겠네! 올라가자!"

확실한 목표가 생기자 수인과 제인은 힘이 솟았다. 곰곰이도 물소리를 찾으며 계단을 힘차게 올라갔다.

찌직 찍!

얼마 뒤 계단 아래쪽에서 시끄러운 소리가 들려왔다. 어느새 곰팡쥐들이 바로 뒤까지 쫓아왔다. 계속된 추격에 지친 쌍둥이의 발걸음이 점점 느려지자 뒤쫓아 온 곰팡쥐들이 몸을 날려 수인과 제인의 몸에 달라붙기 시작했다.

"저리 가, 이 녀석들아!"

제인이 달아나면서 몸에 매달린 곰팡쥐를 손으로 쳐냈다.

"플래시가 있으면 좋을 텐데."

수인의 말에 제인은 벽에 난 구멍을 찾아 손을 쑥 넣어 애벌레 한 마리를 꺼내 곰팡쥐에게 들이댔다. 애벌레 빛에 닿은 곰팡쥐가 팡 터져 버렸다. 제인은 곰팡쥐들이 몰려오는 곳으로 애벌레를 힘껏 던졌다. 포물선을 그리며 날아간 애벌레가 떨어지자 곰팡쥐들이 뿔뿔이 흩어졌다. 효과가 있었다.

수인도 주저하다가 제인을 따라 구멍에 손을 넣었다.

"여기 있어."

수인이 빛나는 애벌레를 꺼내 내밀자 제인이 힘껏 던졌다. 곰팡쥐들의 움직임이 잦아들자 둘은 손을 잡고서 경사로를 따라 위쪽으로 달렸다. 얼마 못 가 수인의 숨소리가 거칠어졌다.

"잠깐만! 이대로는 안 돼."

수인이 올라오는 속도를 늦추며 말했다.

"빨리 올라와. 멈추면 곰팡쥐들한테 잡힐 거야."

제인은 곰곰이가 올라앉은 어깨를 한번 들썩이고는 수인의 손을 잡아당겼다.

"그게 아니라, 우리가 너무 급하게 움직이면 심장 박동이 빨라질 거 아냐. 그럼 첸 박사님이 우릴 깨울지도 몰라. 뭔가 알아낼 기회인데 이대로 돌아갈 수는 없잖아."

수인이 가쁜 숨을 조절해 가며 말했다.

"아! 영지 씨가 달리기할 때 호흡이 중요하다고 했어. 후-후-하-하 호흡법 기억하지?"

제인이 멈춰 서서 숨을 짧게 두 번 들이쉬고 짧게 두 번 내쉬는 후-후-하-하 호흡을 했다. 수인도 제인을 따라 했다.

가빠진 숨소리가 조금 잦아든 순간, 나무 벽 뒤로 물 흐르는 소리가 요란하게 들려왔다.

"좋은 생각이 떠올랐어. 물을 이용하자."

어어…, 물이 넘친다!

위쪽으로!

떡

발차기 소용없

마, 막혔어! 더 이상은 못 가!

팍

투둥투둥

!!

천장 위 공간이

심장이 빠르게 뛰며 벌렁거렸다. 더 이상 버티는 것은 무리였다. 수인은 제인의 두 손을 꼭 잡고 브레인 콘택트에서 깨어나기 위해 집중했다. 차츰 주위 소리가 작아졌다. 버둥거리던 몸이 공중에 뜬 것처럼 편안해지면서 잠이 몰려왔다.

제인의 손을 잡고 있던 수인의 손이 점점 투명해지기 시작했다. 그러나 제인에게는 아무런 변화도 일어나지 않았다.

"제인, 돌아가야 해!"

수인은 물속이라 말을 할 수 없었다. 허우적거리던 제인의 의식이 점점 희미해졌다. 제인의 손에서 힘이 빠지더니 마주 잡고 있던 손이 엇갈려 풀어졌다.

"제인! 제인!"

수인은 물속에 가라앉는 제인을 잡으려고 했지만 손은 허공만 휘저을 뿐이었다. 숨이 막히고 정신이 아득해졌지만 제인을 놓치지 않기 위해 몸부림쳤다. 그러나 제인은 점점 아래로 아래로 가라앉으며 멀어졌다. 제인의 벌어진 입에서 마지막 공기 방울이 나왔다.

"안 돼!"

수인의 외침은 허공에 흩어지고 순간 세상이 하얗게 변했다. 마지막으로 수인의 눈에 보인 건 천장 오른쪽 구석에 있던 빛이 나오는 틈이었다.

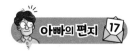

소리의 높낮이로
음악을 만들기까지

0과 ✏️

처음 가 본 장소인데 어쩐지 와 본 것 같은 기분을 느낀 적 있지? 어제 아빠가 낯선 도시를 방문했는데 어디선가 친숙한 바흐의 선율이 들려오는 거야. 나도 모르게 그 선율을 따라 골목으로 접어들었어.

그런데 그 골목길이 왠지 낯익더라고. 아마도 아빠의 뇌가 좋아하는 음악을 듣고 낯선 곳에서 두려워하지 말라고 기억을 만들어 냈나 봐. 음악을 듣다 보면 좋았던 어느 날의 기억이 생생하게 되살아나기도 한다는 게 참 신기하지.

수학자 피타고라스가 음의 나눗셈에서 화음을 발견한 것도 음악의 신비로움에 빠져들었기 때문일 수도 있겠지. 왜 어떤 소리들만 음악이 되어 우리의 마음을 울리는 걸까? 피타고라스는 적당한 배합을 이루는 화음을 '음악의 분자'라고 했단다.

물론 음악에는 선율도 있고 화음도 있고 노래가 전개되는 과정에 여러 요소까지 담기니까 음악을 이해하기란 상당히 어려운 일이야. 그래서 아빠는 음악을 이루는 아주 기초적인 '음'과 '소리'의 관계를 파악하면서 음악의 신비에 한 걸음 더 다가가 볼까 해.

우리가 소리를 듣는 것은 공기가 우리의 고막을 두드리는 압력 때문이라고 했지? 만약 고막 안쪽과 바깥쪽의 압력이 같으면 고막이 움직일 이유가 없을 거야(물론 아주 미세한 분자의 움직임이 있긴 하지만!). 양쪽에서 같은 힘으로 때리니까 말이야. 그런데 고막 바깥쪽의 압력이 재빨리 올라가거나 내려가면 귀 안에 있는 공기가 밀리거나 당겨져서 움직이거든. 그것이 우리가 듣는 소리야.

수인이는 바이올린으로 도레미파솔 음을 연주할 수 있지만 제인이 치는 박수 소리로는 연주하지 못해. 일반적인 소리는 공기 압력의 변화가 불규칙하고 복잡하지만, 음은 압력 변화의 파동이 주기적으로 반복되어 정확한 '음높이'를 가지거든. 파동 그래프로 보면 음높이를 훨씬 쉽게 이해할 수 있어.

처음에 압력이 올라갔다가 0.5초 지나면 제자리로 내려와. 그다음에는 압력이 점점 내려가서 0.75초 지점에서 최저가 되었다가 1초가 경과했을 때 제자리로 돌아오지. 이렇게 한 번 올라갔다가 제자리로 놀아온 변화 패턴을 하나의 '소

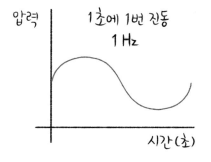

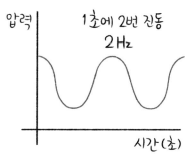

리 파동'이라고 해. 1초에 파동이 1개 지나가는 소리의 주파수는 1이야.

하지만 이렇게 주파수가 작은 소리는 우리 귀로 들을 수 없어. 압력이 변하는 사이에 귀 안에 있는 공기가 금세 적응해 버리거든. 우리가 들을 수 있는 중간 '도' 음은 주파수가 무려 262나 돼. 그래프로 그려 보면…… 앗! 왜 이렇게 온통 빨갈지? 아무래도 1초 구간에 파동을 262개나 그려야 하니까 빨간색으로 채워질 수밖에. 이 그래프를 확대해 보면 주파수 1인 그래프처럼 규칙적인 파동을 볼 수 있단다.

보통의 소리에서 음높이를 느낄 수 없는 건 굉장히 많은 음이 섞여 있기 때문이야. 소리는 아주 잘 섞으면 듣기 좋은 화음이 되지만 아무렇게나 섞어 버리면 아무 음도 아닌 게 되고 말지. 우리의 마음을 울리고 기억을 떠올리게 만드는 음악이란 규칙적으로 파동을 그리는 소리가 만들어 낸 멋진 마법이야.

아빠는 요즘 세상의 '모든 것이 수'라고 했던 피타고라스의 말을 자주 생각해. 모든 소리는 이렇게 파동으로 표현할 수 있어. 음악처럼 들리지 않던 소리들

도 뒤섞여 있는 음을 분리하거나 잘 섞어서 듣기 좋은 화음이 될 수 있다면 세상의 모든 것이 음악으로 이루어졌다고도 할 수 있지 않을까?

1에게

제6화

드디어 아빠를 만나다

"제인! 안 돼, 제인! 엉엉!"

수인이 브레인 콘택트에서 깨어나자마자 소리쳐 울었다.

첸 박사가 서둘러 헬멧과 연결 장치를 제거하며 물었다.

"수인아, 왜 그러니?"

"안 돼요! 제인이 물속에……."

수인은 눈도 못 뜬 채 허공에 두 팔을 허우적거렸다.

"괜찮으니까 천천히 눈 뜨고 나를 봐!"

"다시 돌아가야 해요, 첸 박사님!"

눈을 뜨고 주위를 두리번거리던 수인은 첸 박사가 들고 있던 헬멧을 빼앗아 다시 썼다. 헬멧을 쓰는 수인의 손이 부들부들 떨렸다.

"제인이가 위험해요!"

수인이 울먹이는 목소리로 말했다.

그때 제인이 달려와 수인의 두 팔을 잡았다.

"수인아, 나 여기 있어. 진정해."

제인의 목소리를 듣고서야 수인은 정신을 차리고 주위를 살펴보았다. 그러고는 걱정스러운 얼굴로 눈앞에 서 있는 제인을 덥석 끌어안았다.

"무사히 돌아온 거야? 다친 데는 없고?"

"무슨 말이야? 난 계속 여기 있었어."

다행히 큰 상처는 아니었다.

"미, 미안하다. 거, 거의 다 되어서 욕심이 생겼나 봐. 한 번만
더 확인하면 끝낼 수 있을 것 같았거든."

"아빠가 어디 있는지 찾았어요?"

제인이 물었다.

"거의……. 진짜 조금만 더 하면 될 것 같아."

첸 박사는 뭔가에 쫓기는 사람처럼 초조하고 조급해 보였다.

"사실, 조금 전에 아빠의 최근 기억을 볼 수 있는 기회가 있었어요."

수인은 못내 아쉬워하며 고개를 푹 떨구었다.

"정말? 우리 한 번만 더 해 보면 어떨까?"

첸 박사가 반색하더니 간절한 표정으로 말했다.

"해요. 이번엔 제가 할게요."

제인이 나섰다. 간절한 건 수인과 제인 모두 마찬가지였다.

"이 반창고!"

제인의 얼굴을 뚫어져라 바라보던 수인이 소리쳤다.

"그래! 아빠의 머릿속 세계에서 만난 네 얼굴에도 상처가 있었어. 이 반창고를 붙이고 있었다고!"

"왜 이래? 무슨 소릴 하는 건지 모르겠네."

제인이 머쓱해하며 얼굴을 감싸 쥔 수인의 손을 떼어 냈다.

"첸 박사님, 혹시 제가 미래의 제인을 만난 거 아닐까요……?"

스스로도 이상한 말이라고 생각했는지 수인은 말끝을 점점 흐렸다.

"아빠의 머릿속 세계에서는 어떤 상황이든 일어날 수 있어. 무슨 일이 생겼는지 제인이 접속해 보면 알겠지."

첸 박사는 서둘러 제인을 의자에 앉혔다.

"지금은 안 하는 게 좋을 거 같아요. 제인 혼자……."

수인은 정신을 잃고 물속으로 가라앉던 제인의 모습을 떠올렸다. 자신이 붙잡고 있던 제인의 손을 결국 놓치고 혼자만 돌아온 게 너무너무 무서웠다. 수인은 다시는 놓치지 않을 것처럼 제인의 손을 꽉 쥐었다.

"수인아!"

제인이 수인의 손을 풀고는 야무지게 말했다.

"아빠가 그랬잖아. 어차피 일어날 일은 일어난다고. 그게 위험한 일이라고 해도 난 하나도 겁나지 않아. 우린 아빠를 찾아야 하잖아. 아빠가 우릴 돕고 있어."

제인은 차분하고 단호하게 자기 생각을 전했다. 천방지축 말괄량이가 어느새 훌쩍 자라 있었다. 흔들림 없는 제인의 표정을 본 수인은 더는 말릴 수 없다는 것을 알았다.

"천장 오른쪽 구석에 빛이 새어 나오는 틈이 있었어. 거기로 가면 나갈 수 있을지도 몰라."

수인의 말에 제인이 고개를 갸우뚱하다가 이내 알았다는 듯이 고개를 끄덕이며 미소를 지었다.

"자, 다시 브레인 콘택트를 시작해 보자."

첸 박사가 제인에게 헬멧을 씌우며 말했다.

정신이 희미해지며 첸 박사의 목소리가 점점 멀어졌다. 제인은 서서히 잠에 빠져들었다.

어차피
일어날 일은
일어난다!

!

여기…!

얇아서
잘 뚫리네!

곰곰아, 여기로
올라가면 돼.

….

그만 막고 이리 와!

같이
가야지~!

타닷

앗!!

툭

곰곰아….

절레
절레

타닷

턱

헉헉

!

곰곰아, 제발 좀 와!
나 혼자는 못 간다고!

우웁!

제인은 몸을 일으켜 주변을 둘러보았다. 방들이 늘어선 긴 복도가 보였다. 기억의 방들이었다.

토독 톡톡.

그때 제인의 어깨 위에서 곰곰이가 폴짝거리는 게 느껴졌다. 제인이 "꺅!" 하고 기쁨의 비명을 지르자 곰곰이가 제인의 얼굴에 폭신하게 기댔다. 둘은 씩씩하게 복도 안쪽으로 걸어 들어갔다.

0802, 0804……… 0811!

몇몇 방을 빼고는 방문에 숫자가 적혀 있었다. 제인은 그게 날짜라는 것을 알 수 있었다. 0811은 8월 11일. 아빠가 실종된 날이었다. 이 방문을 열고 들어가면 아빠가 남겨 둔 그날의 기억을 만날 수 있을까?

0811 방문 앞에 멈춰 선 제인의 심장이 터질 것처럼 빠르게 뛰었다. 그러나 제인은 고개를 돌려 0802 방으로 향했다.

'아빠가 실종되기 전에 무슨 일이 있었는지 먼저 알아야 해!'

제인은 0802 기억의 방문을 열었다.

"이게 다 뭐지?"

방 안에는 알 수 없는 숫자와 기호로 가득했다. 숫자들은 허공에서 지워졌다가 다시 채워지고 새로운 기호로 바뀌었다. 중간중간 설계도와 그래프도 나타났다.

낯선 기호나 공식보다는 전체적인 이미지에 집중했더니 차츰차츰 익숙한 것들이 보이기 시작했다. 훨씬 복잡하긴 했지만 아빠의 편지에서 본 것과 비슷한 그래프도 있었다. 여전히 무슨 의미인지는 알 수 없었지만 제인은 최대한 기억하려고 애썼다. 그때였다. 기호들 사이로 누군가의 모습이 서서히 나타났다.

"아, 아빠? 아빠!"

아무리 불러도 듣지 못하는 것 같았다. 제인은 더 크게 아빠를 부르며 다가갔다. 그러다 걸음을 멈추고 입을 막았다. 아빠의 등에 '상처 난 허공'과 똑같은 구멍이 있었다. 가까이 가기 무서웠지만 제인은 용기를 내 아빠에게로 다가갔다. 뻥 뚫린 아빠의 등을 보니 눈물이 뚝뚝 떨어졌다.

제인이 손을 뻗어 아빠의 등을 만지려 했지만 허공을 휘저을 뿐이었다. 눈물이 하염없이 흘러내렸다.

"울고 있을 때가 아냐!"

제인은 얼른 손등으로 눈물을 닦았다. 여기서 뭐라도 단서를 찾아야 한다. 아빠의 어깨 너머로 책상이 보였다. 책상에 놓인 종이에는 복잡한 수식으로 이루어진 수학 공식이 잔뜩 쓰여 있었다. 그래프나 그림이 그려진 메모들도 여기저기 붙어 있었다. 의미를 몰라도 일단 눈에 담는 게 중요했다. 그중에는 기계 설계도처럼 보이는 것도 있었다.

"어딘가에 공식이나 설계도가 있을 거야."

첸 박사가 했던 말이 떠올랐다. 자세히 보려고 책상 앞으로 다가갔다. 아빠는 오른손에 연필을 쥐고 알 수 없는 기호를 종이에 적고 있었다. 순간 제인의 시선이 아빠의 왼손 집게손가락 끝에 머물렀다.

그새 사라졌어!

0802

방구석에
누군가 있었어.

"누가 또 아빠의 머릿속 세계에 들어온 거지?"

첸 박사의 말처럼 아빠를 잡아간 사람들이 강제로 아빠의 머릿속을 헤집으며 정보를 찾고 있었다. 아빠를 빨리 찾지 않으면 아빠의 뇌가 모두 망가지고 말 것이다.

"서둘러야겠어."

제인은 0811 숫자가 적힌 방으로 달려갔다. 실종 사건이 있던 바로 그날이었다.

철컥철컥.

방문 손잡이를 잡고 흔들어 보았지만 문은 열리지 않았다. 다른 방들도 모두 잠겨 있었다. 아빠가 침입자로부터 자신을 보호하려는 건가?

제인은 문 앞에 힘없이 주저앉았다. 몸이 점점 투명해지면서 잠이 몰려왔다. 현실 세계에서 첸 박사가 제인을 불러낸 것이다.

"제인아, 잘했어."

수인이 제인을 꼭 끌어안았다. 무사히 돌아온 제인이 어느 때보다 반갑고 고마웠다.

"무사히 돌아와 줘서 고마워, 제인아."

익숙하지 않은 상황이었지만 지친 제인에게도 기댈 곳이 필요했다. 제인은 눈을 꼭 감은 채 수인의 품에 안겨 울먹이듯 속삭였다.

"아빠를 만났는데 아무것도 하지 못했어."

첸 박사는 제인의 헬멧과 연결 장치를 떼어 주지도 않고 출력되는 자료만 살펴보고 있었다. 얼굴이 붉게 상기되어 있었다. 수인이 제인의 헬멧을 벗겨 주며 아무 말도 하지 말라는 눈짓을 하고는 괜히 큰 소리로 말했다.

"박사님이 아주 중요한 정보를 찾으셨대."

"고생했다, 제인아. 네가 정말 큰일을 해냈어."

그제야 첸 박사가 제인에게 다가와 연결 장치를 떼어 주었다.

"오늘은 이만 돌아가자. 내가 할 일이 아주 많거든."

첸 박사가 연구실을 정리하는 동안 수인은 0과 1 숫자 블록 모양으로 잘라 놓은 종이를 주머니에 챙겨 넣었다. 제인이 브레

인 콘택트를 하는 동안 수인도 문제를 풀고 있었다.

연구실에서 나와 지하 통로로 가던 제인이 갑자기 멈춰 섰다. 제인은 연구실의 방 번호를 유심히 보았다. 그 모습을 본 수인도 걸음을 멈추고 돌아서서 옆에 있는 문을 쳐다보았다.

"얘들아, 서둘러야지. 영지 씨 기다리시겠다."

한참 앞서가던 첸 박사가 수인과 제인을 재촉했다.

"뭘 보고 있었어?"

수인이 빠른 걸음으로 다가오는 제인에게 물었다.

"아니, 뭔가 생각나서. 이따가 말해 줄게."

제인이 아주 작은 목소리로 속삭였다.

"시간 없다니까. 난 돌아와서 처리해야 할 일이 많다고!"

첸 박사가 신경질적으로 소리쳤다.

전차로 향하는 첸 박사는 애써 설렘을 감추었다. 첸 박사의
머릿속엔 온통 제인이 브레인 콘택트
를 했을 때 잡힌 기호와 설계도
뿐이었다. 드디어 이 박사가 감
추려고 했던 비밀을 발견한 것
이다. 첸 박사는 이 박사가 어떻
게 난제를 해결하고 혼자서 컴퓨터를
완성했는지 밝혀낼 생각에 들떠 빨리 연구소로 돌아가고 싶은
마음뿐이었다.

집으로 돌아가는 전차가 출발했다. 전차 안은 조용했다. 첸
박사는 입술을 달싹이며 계산을 하듯 손가락을 까닥거렸다.

제인은 첸 박사의 까닥거리는 손가락에서 눈을 떼지 못했다.

"수인아, 아빠가 읽어 주던 시 말이야, T. S. 엘리엇이지?"

제인이 첸 박사 눈치를 살피며 수인에게 조용히 물었다.

"맞아. 아빠가 가장 사랑하는 시인이잖아."

"아빠가 그 이름을 틀리게 쓸 리가 없겠지?"

"T. S. 엘리엇?"

"응. 아까 기억의 방에서 아빠가 T. W. 엘리엇이라고 써 놓은 걸 봤어."

제인은 첸 박사에게서 눈을 떼지 않고 조용조용 말했다.

"T, W? 그건……?"

수인이 눈을 동그랗게 뜨며 뭔가 말하려는 걸 제인이 막았다.

"쉿!"

수인이 제인의 손바닥에 '연구실 방 번호'라고 썼다. 제인이 고개를 끄덕였다.

"브레인 콘택트 연구실에 뭔가 비밀이 있는 게 분명해."

수인이 첸 박사를 힐끗 보며 속삭였다.

"나도 단서를 하나 찾았어."

수인은 주머니에서 0과 1을 그려서 자른 종이를 꺼냈다.

제인이 호기심 어린 표정으로 바라보자 수인은 0 모양 종이 위에 1 모양 종이를 놓았다.

"음표?"

제인이 소리 없이 입 모양만으로 말하자 수인이 고개를 끄덕였다.

"내가 처음에 접속했을 때 크지만 작고 작지만 큰 상자 속으로 들어갔거든."

"그게 무슨 뜻인데?"

"상자의 크기는 작은데 그 안에 활용할 수 있는 공간은 엄청 컸다고. 컴퓨터 얘길 하는 것 같아."

"컴퓨터?"

"응, 크기는 점점 작아지지만 능력은 커지는……."

"근데 컴퓨터랑 음표가 무슨 관계가 있지?"

설마…
뛰어온 거예요?

첸 박사!
애들 엄마한테
연락 좀 해 줘요.

숨 돌리고 천천히 말씀하세요.
메건 리 박사는 왜요?

사실 어제
부리 마스크들이
왔었어요.

네?
부리 마스크가요?

그 사람들이
뭘 찾던가요?

컴퓨터를 찾고 있었어요.

컴퓨터요?

그래, 아빠가 집에 컴퓨터를 숨겨 뒀다고 하더구나.

그들이 혹시 상처 난 허공을 봤습니까?

그때는 커지기 전이었으니까….

커졌다고요?

악보 속에 숨어 있는 수학

0과

아인슈타인은 과학자가 아니었다면 음악가가 되었을 거야. 그는 실제로 자신의 삶을 음악이란 언어로 생각하곤 했거든. 아빠도 가끔 음악을 언어로 사용하고 싶을 때가 있어. 물론 음악 자체가 음을 조합해 멋진 곡을 만듦으로써 말로 표현할 수 없는 감정을 전달하는 것일 수도 있겠지.

하지만 음을 어떤 기호로 사용할 수도 있지 않을까? 자음과 모음, 한글이나 영어가 아니더라도 다양한 기호를 활용해 정보를 전달할 수 있잖아. 모스 부호도 있고, 0과 1로만 이루어진 수 체계나 음과 양으로 우주 전체를 나타낸 《주역》처럼 말이야.

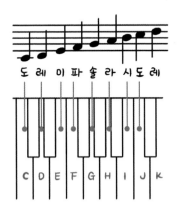

예를 들어 알파벳을 음계에 맞추어 나열해 보자. '도-레-미-파-솔-라-시'를 'C-D-E-F-G-A-B'로 표현한다는 걸 알고 있지? 그걸 조금 변형해서 A~Z까지 피아노 건반에 나열하면 피아노를 컴퓨터 자판처럼 쓸 수도 있어.

'제인(JAIN)'을 음으로 표현해 볼까? J, A, I, N에 해당하는 건반의 음을 악보로 그리면 다음 그림처럼 될 거야. 이렇게 음과 알파벳 기

호의 규칙만 있다면 문장을 얼마든지 악보로 표현할 수 있어.

사실 악보에 메시지를 숨기는 아이디어는 꽤 오래전부터 사용해 왔어. 바흐는 자기 이름을 곡에 넣기도 했고 슈만과 브람스도 은밀하게 누군가의 이름을 악보에 숨겨 놓았지.

19세기에 쓴 《암호의 체계적인 디자인 지시서》*라는 책에는 다음과 같은 조금 복잡한 암호가 나오기도 해. 아무래도 음과 알파벳을 대응하는 규칙으로는 듣기 이상한 음악이 될 테니까. 오히려 알파벳을 괜찮은 멜로디로 표현하면 좀 더 들을 만하지 않을까?

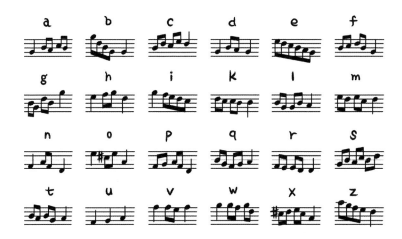

* Philip Thicknesse, 《A Treatise on The Art of Deciphering, And of Writing in Cypher: with An Harmonic Alphabet》(1772)

이 멜로디와 알파벳 규칙으로 '수인(SUIN)'의 악보를 그려 보면 꽤 그럴듯해. 누군가는 이 멜로디를 귀로 듣고 금방 해석하는 것도 가능하지 않을까? 아주 익숙해지면 자기가 하고 싶은 말을 전부 노래로 할 수도 있을 거야.

그래서 아빠는 나만의 음악 언어를 만들어 봤어. 일단 정보를 글자로 쓰는 것과 음으로 표현하는 것에 어떤 차이가 있을까? 음과 알파벳 규칙이나 멜로디와 알파벳 규칙대로라면 단어 하나를 쓰려면 꽤 많은 음표를 그려야 하잖아. 아무래도 아빠는 악보를 그리는 게 익숙하지 않거든. 음의 특수한 성질을 활용하면 조금 더 효율적인 방식이 나오지 않을까?

음은 2개, 3개씩도 동시에 낼 수 있거든. 정수비를 가진 음의 배합이 화음을 이룬다고 했던 걸 기억하지? 동시에 여러 음을 표현할 수 있는 암호는 어떻게 만들 수 있을까? 고민 끝에 주파수를 사용해서 암호 규칙을 만들어 봤어. 주파수 440에서 465까지를 A에서 Z까지 문자로 사용하는 거야.

440	441	442	443	444	445	446	447	448	449	450	451	452
A	B	C	D	E	F	G	H	I	J	K	L	M
453	454	455	456	457	458	459	460	461	462	463	464	465
N	O	P	Q	R	S	T	U	V	W	X	Y	Z

주파수와 알파벳 암호를 활용해 보다가 아주 흥미로운 걸 발견했어. ABC를

동시에 연주하면 다음과 같은 조화로운 패턴이 생겨나더라.

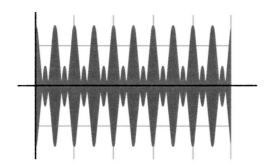

음 여러 개를 동시에 소리 냈을 때 각각의 파동이 합쳐지면서 새로운 소리가 나오는 거야. 동시에 음 2개가 소리 나는 게 아니라 둘이 합쳐지면서 새로운 소리가 만들어지는 거지. 이렇게 음이 더해져 새로운 음이 생기는 것을 '음의 중첩'이라고 해. 마치 2+3=5라고 쓸 때 2와 3이 합쳐져서 5라는 새로운 수가 나오는 것과 비슷해.

종일 주파수를 가지고 이런저런 실험을 해 보았는데 중첩을 통해서 희한한 소리의 패턴을 많이 발견했단다. 어쩌면 소리기 아닌 물건들도 음악으로 이루어졌을지 모르겠구나. 아무래도 이 재미있는 실험을 당분간 계속해 봐야겠어.

1에게 🖊

만든 사람들

기획 **김민형**   영국 에든버러 국제수리과학연구소장이자 에든버러대학교 수리과학 석학 교수이며, 한국고등과학원 석학 교수입니다. 한국인 최초로 옥스퍼드대학교에서 수학과 교수를, 워릭대학교에서 세계 최초로 '수학 대중화' 석좌 교수를 지냈습니다.

글 **김태호**   동화 〈기다려!〉로 제5회 창비어린이 신인문학상을 받으며 작품 활동을 시작했습니다. 동화책 《네모 돼지》《제후의 선택》《신호등 특공대》 등을 썼고, 그림책 《아빠 놀이터》《엉덩이 학교》《섬이 된 거인》을 쓰고 그렸습니다.

그림 **홍승우**   홍익대학교 시각디자인과를 졸업하고, 가족의 일상을 따뜻한 시선으로 그린 만화 《비빔툰》으로 만화 활동을 시작했습니다. 어려워 보이는 과학을 쉽고 재미있는 만화로 전달하는 것을 좋아한답니다. 그린 책으로 《올드》〈초등학생을 위한 양자역학〉(전 5권)〈수학영웅 피코〉(1, 2권)〈빅뱅스쿨〉(전 9권) 등이 있습니다.

기획 **고래방(최지은)**   과학 동화 시리즈 《별이 된 라이카》《생쥐들의 뉴턴 사수 작전》《외계인, 에어로 비행기를 만들다!》와 어린이를 위한 SF 〈끼익끼익의 아주 중대한 임무〉, 청소년을 위한 〈빅히스토리〉(전 20권) 등 60여 권을 기획했습니다.

기획 **김명철**   서울대학교 심리학 박사로, 어려서부터 과학적 상상력이 담긴 SF에 빠져 다양한 콘텐츠를 읽고 보았습니다. 〈SF 읽어주는 심리학자〉 칼럼을 연재했으며, 지은 책으로 《다를수록 좋다》《지구를 위하는 마음》 등이 있습니다.

콘셉트 아트 **박지윤**   캘리포니아예술대학 졸업 후 픽사 스튜디오에서 〈온워드〉〈엘리멘탈〉 등의 애니메이션 캐릭터 디자인과 콘티 작업을 했습니다. 현재는 핑크퐁 등 국내 스튜디오와 함께 영화 스토리보드를 그리고 있습니다.

그림 도움   홍동훈(펜선), 정지연(채색), 변승현(채색)은 홍승우 만화가와 함께 과학과 수학을 비롯한 교양을 배우고 세상의 이치를 깨달을 수 있는 좋은 만화를 그리고 있습니다.

김민형 교수의
수학 추리 탐험대
3. 수학, 음악이 되다: 아빠가 숨겨 둔 공식

초판 1쇄 2025년 1월 20일

기획 김민형, 고래방   글 김태호   그림 홍승우
펴낸이 문태진   본부장 서금선
책임편집 이은지   편집 한지연   디자인 씨오디

마케팅팀 김동준, 이재성, 박병국, 문무현, 김윤희, 김은지, 이지현, 조용환, 전지혜, 천윤정
디자인팀 김현철, 손성규   저작권팀 정선주
경영지원팀 노강희, 윤현성, 정헌준, 조샘, 이지연, 조희연, 김기현
펴낸곳 ㈜인플루엔셜   출판신고 2012년 5월 18일 제300-2012-1043호
주소 (06619)서울특별시 서초구 서초대로 398 Bnk디지털타워 11층
전화 02-720-1034(기획편집) | 02-720-1024(마케팅)   팩스 02-720-1043
전자우편 books@flinfluential.co.kr   홈페이지 www.flinfluential.co.kr

© 김민형, 홍승우, 고래방 2025

ISBN 979-11-6834-258-3 74410
        979-11-6834-210-1 (세트)

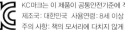

KC마크는 이 제품이 공통안전기준에 적합하였음을 의미합니다.
제조국: 대한민국 사용연령: 8세 이상
주의 사항: 책의 모서리에 다치지 않게 주의하세요.